U0336184

高功能焦虑

别再害怕真实的自己

High-Functioning
Anxiety

（Lalitaa Suglani）
〔英〕拉丽塔·苏兰尼 著
李毅 于淑婷 陈昶宇 黄曼歌 译

机械工业出版社
CHINA MACHINE PRESS

高功能焦虑是一种困扰当代成功人士的心理问题。尽管他们在生活中很有能力且成就斐然，但内心深处却饱受焦虑症状困扰。患有高功能焦虑的人是敏感的，具有两面性；他们会陷入对自我价值的深刻否定之中，疲于奔命地追求高标准、满足他人的需求。

　　《高功能焦虑》一书为我们揭示了这一问题的根由，总结归纳了高功能焦虑的 7 大症状和 7 种行为，并且提供了对抗它的 10 种工具和蓬勃发展的 12 种力量。作者通过多年的实践和真实个案成果，帮助我们对抗高功能焦虑，取回自己丰饶的人生。

图书在版编目（CIP）数据

　　高功能焦虑：别再害怕真实的自己 ／（英）拉丽塔·苏兰尼（Lalitaa Suglani）著；李毅等译. -- 北京：机械工业出版社，2024. 10. -- ISBN 978-7-111-76468 -7

　　Ⅰ. B842.6-49

　　中国国家版本馆CIP数据核字第2024WS0309号

机械工业出版社（北京市百万庄大街22号　邮政编码100037）
策划编辑：廖　岩　　　　　　责任编辑：廖　岩　刘林澍
责任校对：梁　园　刘雅娜　　责任印制：郜　敏
三河市宏达印刷有限公司印刷
2025年1月第1版第1次印刷
145mm×210mm · 7.375印张 · 1插页 · 131千字
标准书号：ISBN 978-7-111-76468-7
定价：55.00元

电话服务　　　　　　　　　　网络服务
客服电话：010-88361066　　机　工　官　网：www.cmpbook.com
　　　　　010-88379833　　机　工　官　博：weibo.com/cmp1952
　　　　　010-68326294　　金　书　网：www.golden-book.com
封底无防伪标均为盗版　　机工教育服务网：www.cmpedu.com

治愈是光明与阴影之间的宽恕与责任。

我们将碎片拼在一起，化为重生的标记。

————————————————

本书的赞誉

/

"获奖无数的心理学家拉丽塔博士带领我们踏上了一段变革之旅，提供了实用的解决方案和深刻的反思，使读者能够通过基于心理学的方法面对焦虑。这是一生必读之书，它让我们坚信内心的平静是可以达到的。"

——威克斯·金（Vex King），

《星期日泰晤士报》畅销书《高频情绪练习》

（*Good Vibes, Good Life*）的作者

"凭借这份终极指南，你将从高功能焦虑中解脱出来，不仅要理解生存，更要诗意生活！"

——希瓦妮·鲍（Shivani Pau），

"千禧一代的思想"播客的主持人

"这本书是一本教你拥抱自我价值并克服高功能焦虑的变革性指南，为你提供了实用的工具和深刻的见解，帮助你接受真实

的自己并超越界限地向上生长。"

——西姆兰·考尔（Simran Kaur），

《女孩投资学》（*Girls That Invest*）的作者

"拉丽塔博士帮助你理解你一直以来的感受，然后告诉你应该怎么做。非常引人入胜。"

——莫·乔达特（Mo Gawdat），企业家、畅销书作者

"对于任何在外表上看起来'很好'，但内心却饱受自我怀疑、害怕失败或完美主义困扰的人来说，《高功能焦虑》是一本有影响力的读物。拉丽塔博士将她的生活经验与专业知识相结合，为读者提供了一份支持性的自我发现和成长的路线图。"

——梅雷迪斯·卡德尔（Meredith Carder），ADHD 教练和

《现在一切都说得通了》（*It All Makes Sense Now*）的作者

"这本书充满了案例研究、实用建议和专业与个人的智慧，为那些在不知不觉中受到焦虑和高功能困扰的人提供了解决方案。在治愈之旅上，这是一本必读之作。"

——西蒙妮·亨（Simone Heng），《让我们谈论孤独》

（*Let's Talk About Loneliness*）的作者

"我重视为人们提供工具和框架，让他们能够通过解决自己的问题来工作，而不是让读者将自己的问题理性化并停留在同样的循环中。拉丽塔博士的《高功能焦虑》不仅巧妙地提供了信息和背景，还为读者提供了在问题出现时解决问题的工具。本书提供的实际练习和自我反思问题，对于那些陷入固定模式的人来说是变革性的。多年来，我一直是拉丽塔事业上（包括她本人）的粉丝，《高功能焦虑》可能是她迄今为止最好的作品。"

——萨布丽娜·佐哈尔（Sabrina Zohar），

"做工作"播客主持人

"高功能焦虑常常导致我们逃避自我，避开驱使我们痛苦的根源，这会导致进一步的痛苦，以孤立和孤独的形式出现。拉丽塔博士的这本书之所以特别，是因为她能帮助你感到不那么孤单。她以温暖和富有同情心的风格，将引导你更深入地理解导致你走到这一步的历程，然后她将通过一条经过验证的康复之路与你携手同行。我强烈推荐这本重要的书。"

——亚历克斯·霍华德（Alex Howard），

The Optimum Health 诊所的创始人，

《这不是你的错》（It's Not Your Fault）的作者

"这本书感觉像是为我们这个时代而写的。从根本上说，这是一份邀请——来自一个有强大生活和学习经验的人——邀请我们超越思维中常常由恐惧驱动的嘈杂声，打破循环。虽然拉丽塔博士为那些认为自己有高功能焦虑的人创作了这本书，但更多的人在疫情后生活在高度焦虑的状态下——我毫不怀疑这本书将对许多人在重新学习和重新认知的旅程中提供巨大的支持。"

——杰西卡·惠（Jessica Huie），《目的》（*Purpose*）的作者

前　言

我仍记得那一刻——我选择面对我人生中的阴影。作为第二代英国移民，又是少数族裔，这两个群体的文化割据着我的内心。这塑造了我的生活方式，而为了应对其中的问题，我患上了高功能焦虑。直到成年，我的心中仍充满了羞愧，负面情绪流露于表，已然无法隐藏。

我深感内心存在严重的心理困扰，当自我否定的声音不断加剧时，我甚至难以正视镜中的自我形象。这是我过去唯一用以缓解情绪的方式，然而现在我意识到它对我的身心健康并无益处。在那段时期，我对自己的状况感到困惑：我认为自己既愚笨又可悲。我并不想被别人洞悉我的内心世界，所以我竭尽所能地隐藏这些负面情绪。

对于这些问题，我的"解决方式"是努力变得"成功"，但这些方式忽视了价值观和人际关系的重要性。虽然我努力到筋疲力尽，但我还是黔驴技穷、无能为力。我不敢向他人寻求帮助，因为我害怕直面自己的不足与糟糕。多年来，我一直试图回避我内心的某些方面，但无论我做什么，它们都会以另一种方式浮现。最终，我意识到我别无选择，必须勇敢面对这些阴影。这一认识让我的人生有了重大的转变。

什么是高功能焦虑？

在正式内容开始前，我要明确一点，本书中提到的高功能焦虑（HFA），与阻碍型焦虑症并不相同，阻碍型焦虑症通常被定义为因过于严重的焦虑使得个体无法正常工作、照顾自己以及维持人际关系。而患有高功能焦虑的人，比如我，尽管内心饱受焦虑症状困扰，但日常生活中仍能维持正常表现。我们向世界展示着我们所认为"好"的一面，而将我们真实的一面隐藏起来——那充满焦虑且不愿意让别人看见的一面。

根据美国国家心理健康研究所的数据，大概有 31% 的成年人在生活中有着焦虑症状，[1] 在英国，2022 年至 2023 年间，平均 37% 的女性和 30% 的男性有着高度焦虑。[2]

现在，很可能在这些人中有相当一部分人患有高功能焦虑，但尽管如此，HFA 目前并未被公认为是一种焦虑障碍。尽管有人认为这是因为患者在他们的日常生活中表现得相当正常，但 HFA 的影响可能是极端严重的，会影响生活质量，引起强烈的孤独感和脱节感。

高功能焦虑来源于感觉"不够好"，患有高功能焦虑的人通常看起来有能力且成就斐然，但他们的内心深处却有强烈的担忧。他们自我怀疑、害怕失败，所以，他们会给自己在生活的各方面制定苛刻的标准，不断追求完美。他们会搞定所有的事和人。他们看起来游刃有余、足够强大、条理清晰，但他们不为人知的内心深处却并非如此。

这种对"不够好"的恐惧可能驱使这些 HFA 患者过度努力，不断通过外部的肯定来证明自身的价值。他们害怕他人的评判，从不拒绝他人，唯恐让别人失望；他们认为这是被他人接受、得到爱的唯一方式。然而，尽管成就斐然，他们仍不满足，内心深处总认为自己仍未达到标准，或者认为自身还是存在着一些问题。感到自己不够好，这种恐慌不断催生压力和焦虑，驱使他们过度付出、过度内耗甚至自我否定。

作为一名心理学家，我发现了一件既有趣、又复杂的事：虽然我遇到的许多人都能理解高功能焦虑的概念，但他们并不完全理解其根本诱因。事实上，他们坚持自己能够感到自己的生活足够有价值。

你要充分理解这一点：也许你觉得自己充满自信，生活也十分让人满意，但这并不意味着你的行为不受恐惧的动机驱使——可能只是你没发现。通常情况下，核心问题会深埋于我们的潜意识中，但我们只是不痛不痒地望向了自我意识的表面。

我写这本书的目的就是帮助你深入自己的内心直至最底层，发现并接纳真正的自己。

现在你也许在想，如果我本来就过得很好，为什么我还要这样做？这是我的答案：高功能焦虑会阻碍我们全身心地享受生活的全部。它给我们设限，让我们只求安稳，而隐藏了自己的其他可能性。高功能焦虑的根源是恐惧：害怕别人看到真正的自己——这是我们内心的自我斗争，与他人无关。

这最终导致的结果是：我们将焦虑藏于心中，孤独而又疲惫地度过每一天——而我自己的经历也证明了这一点。我们似乎陷入了一个无解的困境，唯一的出路就是直视我们焦虑的根源，尽管这正是我们一直逃避的。

接纳自身价值

众所周知，承认自己存在问题往往是最困难的一步，但想要前进的唯一办法就是勇敢正视自我，既不逃避，也不沉溺于情绪的庇护。这个过程可能是充满挑战的，但总远胜于在焦虑中踌躇不前。是时候担起责任、面对自我了。

正如雨后生机勃勃，万物竞发，克服挑战后，你也能净化灵魂，照亮前路。黑暗中藏着成长与转变的良机。暴风雨让你脆弱动摇，但也会塑造你成为真正的自己。你要相信，风暴平息后你将以更加坚定的步伐、更加睿智的头脑和更加真实的自我迎接未来的挑战。

这个过程绝非易事，它要求你坦诚地面对自我，深入探索内心的情感。没有捷径可走，而它会改变你的生活。相信我，所有的付出都将是值得的。正如蝴蝶必须经历从茧到蝶的蜕变，你也需要投入时间和精力，深入挖掘自我，为即将到来的变化做好准备。我希望人们都能感到自己有足够的价值，不再纠结于内心的困扰和迷茫。我亲眼看着我的来访者在这个过程中逐渐产生令人惊奇的改变，一旦理解内心的想法，一切都能改变。人生的旅途并非为了迎合他人，而是热爱自己，成为最好的自己。

我们总是认为自己不够好，达不到某项标准。然而，真相是我们的内在同外在一样好，我们的价值不由外在的成就、标准的评判或是与他人的比较决定。我们都有独一无二的品质、力量和天赋，这些让我们值得爱与肯定。

如何使用这本书

接纳自我价值，塑造自我同情、自我肯定以及内心的平静。认知自我价值后，我们不再需要竭尽全力地践行完美主义，而是能用爱与善良接纳真我，这能改变你，让你明白仅仅是做你自己，就已经足够好。

这就是我写这本书的原因——让你意识到和理解自身的问

题，并给予你工具与办法，来抚平高功能焦虑所带来的不安，找到平衡，随后能更好地成长。我会详细解释高功能焦虑，教你如何辨别相关症状以及行为模式，然后帮助你找到全新的开始。

通过我行之有效的基于心理学的方法（包括实践练习和方法，以及为自我反思而设计的问题），你将发挥内在潜能，培养坚韧不拔的精神，从而直面恐惧、克服焦虑。你完全有能力做到这一点，这是你自身能力的体现，也是你应得的成就。现在，请做好准备，迎接自我拓展的挑战，超越你现有的能力边界。

五步法的介绍

本书将解决高功能焦虑的五步法分为了两个部分。第一部分是舍弃所学，包括第一步和第二步。在我引领我的来访者克服高功能焦虑的过程中，我所做的第一件事就是帮助他们认识到他们患有高功能焦虑，以及弄清楚他们为什么会有相关症状。如果没有这一层次的理解，我们就仅仅是在缓解症状，而不是解决根本原因——那就是恐惧。舍弃所学的过程，实则是与自己重新建立连接，寻找恐惧的根源，并避免受其驱使的行为。

第二部分是重新学习，包含第三步到第五步，我会教你如何重新与自己建立连接。在这部分，你会学到如何面对与高功能焦虑相关的高度敏感状态，以及如何相信、照顾自己。下面是这五个步骤的概述。

第一步：寻找行为模式，释放内在自我。对高功能焦虑的深入探索能告诉你它到底是什么、它是如何产生的，以及揭示它在关键行为模式中的表现方式。

第二步：解析行为，发掘内心，面对阴影。深挖自身行为模式，找到根源，理解你为何遵循这样的生活方式。

第三步：发展自我链接，超越你的恐惧。这一步包含所有克服恐惧、焦虑和自我怀疑的方法。

第四步：拥抱你的敏感，重建自我信任。当你面对高功能焦虑所带来的高度敏感时，合理、健康的内心边界会保护你。

第五步：释放自我同情。在 12 种力量的帮助下学会如何善待自己，以及找到愉悦生活的方式。

在这本书中，我将运用我自己应对高功能焦虑的经验，以及多年来在治疗室与来访者一起获得的智慧。事实上，我将许多来访者的研究案例作为高功能焦虑行为的例子写进了书中（为了保密，案例中的姓名与事件都有所变化）。你会学到如何面对过去，理解过去如何影响现状，并创造一个更充实、更有意义的未来。

我是幸运的，我遇见了一个心理治疗师，他为我提供了一个安全的心灵避风港，让我得以坦然面对我的阴暗面与焦虑。

我仍能想起当我开始理解自己行为模式的原因时我的感受，一切事情开始变得有意义。我开始袒露内心，在今后的生活中相信自己，这种感觉十分美妙。我感到安心，即使是在我犹豫不决的场合，我都能明白正在发生着什么。那是我人生旅途的崭新起点，而当你翻开这本书的时候，也将迎来你人生的新篇章。

目　录

第一部分　舍弃所学

第二部分　重新学习

High-Functioning Anxiety

第一部分

/

舍弃
所学

第一步 »
寻找行为模式，释放内在自我

你是否经常陷入一种自我否定的情绪中，对自己说"我不够好""我真蠢"或"我的人生真是可悲"？同时，这种情绪是否伴随着一些自暴自弃的行为和态度？即使你的外在生活看似过得不错，但内心深处仍有一种不满足感，觉得自己有所欠缺，无法达到自己的期望？这种行为模式是否不断重复，每次都让你对自己感觉更糟？

在我带你解决问题之前，我想告诉你，我曾经也是如此，困在一成不变的生活轨迹中。我充满能量，善待所有人，将他人的需求放在第一位，将一切安排得井井有条。没人了解真正的我。而最后，这样的生活方式击溃了我。

就在某一天，我再也无法坚持这样去做，因为我疲惫不堪，充满愁苦和埋怨。我十分需要帮助，而我又不相信任何人。我害怕占用他们的时间，成为累赘和负担，到最后，我开始害怕他人对我的评价，我的内心充满了迷茫和绝望，只想逃离这一切的痛苦。

在心理治疗的过程中，我强迫自己去正视自我——就如同聚光灯的照射，无法逃避，而在这个过程中，我认识到了内心深处的自我憎恨和羞愧，这些情感如巨石般年复一年地压在我的心口。我开始对自己感到陌生，对自己的某些方面产生羞耻感，并且不愿别人看见。我无法找到最适合自己生活的方式，总觉得自己不够完美，所以我不停地讨好他人，试图成为他们想要我成为的样子，误以为这样就能让我变得"圆满"。

经过这个正视自我的治疗过程，我发现我与自己相处得并不好——事实上是相处得非常糟。我并未意识到我对自己缺乏应有的善待。我害怕被他人拒绝，但真相是，一直拒绝我的是我自己！

理解高功能焦虑

当我们开始理解自己的时候，我们会发生巨大的变化，我对此十分着迷和惊讶。而当我选择努力这样做时，周遭的一切——我的人际关系、思维观念和职业表现——都发生了巨大的变化。我突破了自身的桎梏，释放出了前所未有的潜能。外界的评价再也无法左右我的判断，对失败的恐惧也在逐步消解。当然，恐惧不会彻底消失，但我已经能够从容应对。

　　有时候，每个人都会对自己不满意，

但当这种情况不断循环发生，让我们自己泄气，

　　不再快乐时，我们就需要做出改变了。

　　这就是我向你分享克服高功能焦虑五步法的原因。我想帮助你学会与他人轻松地交流，而不是担心人们会怎么想。第一步的目标就是帮助你更好地理解高功能焦虑，去弄清这些症状是如何出现的，以及是怎样潜移默化地融入你的行为中的。

　　当我开始应对自身的高功能焦虑时，我首先要理解这个术语是什么意思，以及这种焦虑是如何出现在我生活中的。"高功能"意味着高速运转，也可以描述为"超额完成"。当我们患上高功能焦虑时，个体往往会陷入深刻的对自我价值的否定之中，这导致我们为了感到"足够好"或吸引他人注意力去努力完成更多事情。我们为自己设定远高于他人的标准，并疲于奔命地追求这些高标准。

　　解决高功能焦虑的第一阶段是对其充分理解，而下一步就是忘却与其相关的行为，不再重复，为什么？因为我认为，如果不对高功能焦虑有充分的了解，我们就无法取得有效的进步。正如面对一朵拒绝盛开的花朵，我们的目光不应局限于花朵本身，而应放眼于整株植物的生长环境、营养状况等更广泛的因素。

　　我觉得，大多数人都知道焦虑是什么，也明白焦虑会如何

影响我们。它会让我们感觉自己被自己的感情劫持了，影响我们的日常生活或照顾自己的能力。然而，高功能焦虑是一种隐藏的焦虑——一种羞耻和沉默的应对方式，这种恐惧是因为我们自认为"不够好"而产生的。

患有高功能焦虑的人通常都是成就卓著的人，在周围人看来，他们是成功的、奋发图强的，并且似乎能将一切打理得井井有条。然而，这只是外在的，他们想向世界所展现的。在内心深处，他们经历了许多使人衰弱的焦虑症状，这些症状已经融入他们的生活，以至于他们常常没有意识到自己陷入了行为循环，或者没有意识到自己患有高功能焦虑。

他们以非常高的标准来应对"不够好"，并不断致力于尽一切努力来展示和证明自己的价值——并非为了迎合外界期待，而是为了自我满足。倘若他们未能意识到这一点，高功能焦虑的行为模式就会持续下去，直到他们筋疲力尽、彻底崩溃为止。

高功能焦虑与高度敏感

高功能焦虑的患者通常是高度敏感的个体。他们在人生的某一刻认识到，自己或者说他们所追求的身份定位尚未达到应有的标准。他们不知道该如何去应对自身的高度敏感，也没有意识到正是自身的高度敏感导致了日复一日的焦虑，所以他们十分在乎外界对自身的评价，将自我价值与外界的认可紧密相连。他们的行为模式正是由此发展而来：他们努力被他人接受认可，以此证明自己足够好。

高功能焦虑患者用自身的高度敏感来"接触"世界——过度承担不必要的责任——然后以他们认为其他人希望他们成为的方式展现自己。他们最终陷入了一个循环，即"做"他们认为别人想要他们做的事情，仅仅是为了感觉自己足够好，但忽视或压抑了他们自己真正想要的东西。他们很难"停下脚步"——停下来喘口气或者放松休息一下——而这就是问题所在。在之后的第四步中我们会更深入地探讨高功能焦虑与高度敏感之间的关系。

我在工作中用一个两面模型来帮助高功能焦虑患者明白他们缺乏对高度敏感的了解。

敏感性的两面

高功能焦虑患者认为以下指标属于敏感	他们所认为的敏感在实际上的表现
戏剧性的	充满热爱的
焦虑的	凭直觉的
不理性的	反应快的
困难的	感同身受的
难以承受的	充分理解的
脆弱的	善于观察的

（续）

高功能焦虑患者认为以下指标属于敏感	他们所认为的敏感在实际上的表现
多愁善感的	善解人意的

上述表格充分阐述了这么一个道理：高功能焦虑患者视敏感为弱点，为了融入人群与环境而去克制自己的真实感受。他们不想表现得不同或出众，但我们作为人，以自己的方式发光发热是非常美妙的事情。敏感不是一个弱点——事实上，它对我们找准方向、深入了解世界有着极大帮助。

那不是我点的咖啡

有关高功能焦虑患者高度敏感的另一个例子是：我在咖啡店点了一杯卡布奇诺，而咖啡师对我很不友好（我自己这么觉得），因为我点单时他一直在叹气，也没有对我微笑，我感觉我给他添了很多麻烦。

之后，我拿到了我的咖啡，发现是杯拿铁，而不是我点的卡布奇诺。但是由于我觉得自己遭人厌，咖啡师也并不友好，我也没有说什么。我害怕提出自己的意见，可能与咖啡师吵起来，他会指责是我自己弄错了——也许我确实点了杯拿铁，或者我口误了。总而言之，把这杯上错了的咖啡喝掉就行了，那样会更省事。

　　我（或者我内心的焦虑）没有想到的是，也许咖啡师不是针对我，也许他就是那样的人，也可能他经历了一些我不知道的事情。但是我对他的态度十分敏感，我认为是自己"不够好"造成了这样的情况。这是一个有代表性的案例，解释了我们的想法如何决定我们的世界观，以及患上高功能焦虑如何让我们更难看清情况的真相。

拒绝敏感性焦虑症

　　这种对负面判断的情绪反应被称为拒绝敏感性焦虑症（RSD）。我们是基于我们自己的经历去选择相信外界情况的某些方面，而不是考虑正在发生的事情的真相。我们把一个不一定正确的方面放入缺乏自我价值的框架中。我们将外在的事物内化，使我们更加确信自己不够好。下列表格给了几个拒绝敏感性焦虑症的案例。

拒绝敏感性焦虑症

外在情景	对外在情景的想法	归因	内在想法
未被邀请参加聚会	他们没有邀请我，我一定是做错了什么	他们并不喜欢我	我不受人待见，不被人喜欢

（续）

外在情景	对外在情景的想法	归因	内在想法
发出信息未收到回复	他们无视了我，我应该是让他们不高兴了	他们不重视我们的友情，并不在乎我	我不值得被关注或认可
工作中受到有意义的批评	他们批评了我，我没有能力胜任工作	他们认为我没有能力，不够好	我一无是处
讨论中遭到反对	他们不同意我的想法，我肯定是错的，或者我太蠢了	他们不尊重我的想法	我不够聪明
没有从爱人身上得到积极回应	他没有回应我，我肯定让他失望了	他不在乎我的感受，他并不爱我	我无人关心，不讨人喜欢
对话时被打断	他们打断了我，我的话并不重要	他们不在乎我的观点	我并不重要，说的话也没人愿意听

　　我为人善良，关心他人，这并没有什么错，但我并不需要为别人的错误买单，或者仅仅是害怕让咖啡师不高兴而去喝一杯我不喜欢的咖啡，这不是我的错。重新建构我们的想法能让我们以不一样的方式去认知世界，做出对我们来说最好的选择，我们会在之后讨论更多关于重构的事情。

我们隐藏的自我

基于恐惧和他人评判标准的生活难以为继。我们不可能活在他人的看法和评价中，因为我们无法知道别人对我们的看法。而从头到尾我们都是在难为自己——我们的立场并不正确。我们不能在表面上寻求答案，因为救赎之道在内心之中。在第二步中，我们会深入剖析内心的斗争。

因为害怕他人的看法而否认真实的自己以及自己想要成为的样子，这表明你持续活在焦虑的状态中。这种状态容易引发过度思考、小题大做和完美主义等一系列限制自身的行为，使你的神经系统失调。这些行为满足了我们对安全的基本需求，但没有解决根本问题。在第二步中我们会详细讨论这种限制性行为。

想象一座冰山，众所周知，冰山 90% 的部分在水面下。将露出水面的冰山一角想象成自身的焦虑、恐惧以及为了缓解焦虑、保障安全而采取的缓解性行为。然而，冰山的大部分在水面下，而这正是我们感到"不够好"的地方。这是我们刻意隐藏的、鲜为人知的内在部分。

而可悲的是，正是基于过往的经历，我们才认为自己"不够好"。我们将负面想法藏于内心，远离世界，小心翼翼地寻求他人的认可。尽管这本不是事实，但我们还是用这种方式生

活着，直到某些事情触及冰山，迫使我们低头看向自己藏起来
的那面。

感到不够好

　　高功能焦虑患者普遍存在一种共性：他们都需要感觉自己
足够好。然而，够不够好是由自身以及过往经历来评价的，所
以高功能焦虑在每个人身上的表现都各不相同，使其难以辨别。
因此，我们要留心这些不同。

> 需要感到"足够好"是高功能焦虑的根源，一旦我们理解，
> 　　我们就能识别与高功能焦虑关联的行为，并逐一解决。

　　我先前已阐释过高功能焦虑患者在工作中的卓越表现以及
其出色的社交能力，他们往往展现出强大的执行力和显著的成
就。然而，我们所看到的与事实有很大差别。从内心来看，高
功能焦虑患者也经历过许多与被诊断为焦虑症的患者相同的症
状，比如感到坏事就要发生、事情正在失控，以及过度思考。

　　在生理层面，高功能焦虑患者亦会展现出诸如心率异常提
升及肠胃不适等症状。正如这个接地气的比喻：他们如同优雅
而平稳滑行的天鹅，然而水面之下，其双腿却饱受疯狂摆动之
苦。高功能焦虑患者会因为隐藏真实的自己而感到羞愧和罪恶，
也会讨厌自己，感到不受人喜欢。高功能焦虑还会影响人们建

立良好的人际关系的能力。

我身上也曾发生过这些事。我为他人活着，而不是为我自己，而我甚至都没有意识到这一点。我寻找任何能让我感到被人需要的事情——如果有人想从我这得到什么，那就意味着我已经足够好了。这是我小时候与人交往时学会的。

然而，成年后，我也将这种方式应用于人际关系中，未能充分考虑自身的需求，导致与他人的认同产生距离。我剥夺了自己真正渴望的关系深度，而去达成被需要的目标。我只是暂时满足于别人给我的残羹冷炙，我感到如此脱节，不被重视、不被倾听，十分孤独。

我任由其继续，因为我相信我并不值得爱，自己的需求并不重要。无论出于何种原因，我们的需求没有得到满足，我们最终都可能会在人际关系中追求这种满足。我们继续这样的行为，希望自己被重视、被需要，并牺牲我们自己的时间和精力做任何事情来取悦他人，这会让人筋疲力尽。

创设生活的规则

个体若在成长阶段未曾感受到充足的关爱，在未来的人际交往中往往倾向于持续寻求爱的补给。个体会不断重复某些行为模式，直到理解这些行为背后的动因，唯有如此，你才能想出一些方法来支持你在生活中前行。你"内心深处残留的童年阴影"——那些受过往经历影响至今的心理创伤——需要妥善解决，才能找到答案，理解这一切。也只有这样，你才能打破原来的行为模式。

要达成某些条件才能得到爱的孩子 =
认为爱需要自己赚取，并总感觉自己不够好的成年人

当我回想我的童年时，我理解了我的行为模式，我意识到，我的监护人并没有建立起我所需要的情感联系。这不是他们的错，他们只是遵循自己的早期经历行事。但是，由于我的感情需求没有得到满足，我就认为我需要得太多，担心成为别人的负担。结果就是，我开始变得内向，不再相信自己，更在意他人的反馈，以此保证我对他们而言"足够好"。

但事实是，并不是我需要得太多——而是他人并未给我留出空间让我成为我自己。我是个敏感的小孩，观察着周围人的反应，并赋予这种行为不合理的意义，这使我创造了自己的生活规则，限制了我展现自己的方式。

在我们还是小孩时，我们就建立了与他人相处的规则，这是基于我们过往的经验，而这些规则能伴随着我们成年。举个例子，你小时候可能被教导"人都是要离开的"。这可能是因为你父母中的一方在你的童年中短暂地缺失过，或者他们总是让你失望。你感觉你不能依靠父母，这样的想法潜意识地延续到你未来的亲密关系中。

未被满足情感需求的孩子 =

难以向他人展现脆弱一面的成年人

高功能焦虑与害怕被拒绝

正如我先前所解释的，当我们患上高功能焦虑，我们可能会感觉自己"过于敏感"。但这并不是真的。问题在于，我们并没有合适的方法去处理我们的敏感。我们可能依附于他人，并关注着他们的一言一行，但我们没有意识到我们正在感知到的是他们之前的遭遇，反而认为与自己有关，这就会影响我们的行为。

举个例子，你和你的同事一起工作，通常你们总是聊聊天，分享有趣的事情，而他今天却表情严肃。你如同往常抛出一个笑话，却没有得到回应。你可能会立即倾向于将这解读成一场灾难，开始思考你做了什么伤害他的事情，为什么他不再喜欢你。

而事实是，你对于你同事的行为过于敏感，当你注意到他们与以往不一样时，你就会感到不同；然而，你将其个人化，错误地认为是由于自己的过失所致，而不是对同事表示关切。结果就是，你会因你的同事拒绝了你而感到崩溃（即使现实中他并没有拒绝你），你或许还会做出过度补偿的行为，以此重新赢得他们的心。

但事实也许是你的同事前一天晚上没有睡好，也可能是马上有一场非常重要的会议，又或许他生活中发生了其他什么事，然而这些均与你无直接关联。当你理解自己的敏感时，许多事情都将呈现出全新的面貌。重构对这种情景的认知，将赋予你巨大的内在力量。

感觉不够好是高功能焦虑的根源，而这种感觉来自恐惧。恐惧源于我们的过往经历，我们会在第二步中详细探讨。之前提到，高功能焦虑患者隐藏了那些他们认为无法被人接受的方面，焦虑驱使着他们去完成更多的事情。他们努力去追求那种"足够好"的状态，即使是暂时的，但是除非他们接受真正的自己，"足够好"永远不会发生。相反，他们（会一直）想方设法去得到认可，即使这对他们自身造成伤害。

你的价值不由别人的欣赏决定。你的价值来源于你与你自己的关系，包括你是否尊重自己，你是否倾听自己、善待自己，你是否能让与你无关的负能量不影响你。

自我反思的重要性

我要阐明一个观点：我并没有责怪任何人；我们都是人，每个人都有自己复杂的需求，而有时候我们周围的人无法满足我们的需求。我很感激我在成长过程中所获得的一切，同时也明白了我没有得到的理解。我年轻时充满愤恨，而内心里却渴望爱与重视，尽管如此，我也没有向任何人敞开心扉。

反观当下，我明白，这种行为的根源在于害怕被拒绝。我学会将想法藏于脑海中，写在日记里——直到有人发现，在这之后，我开始接触诗歌和艺术。我开始将自己隐藏在面具之下，向世界展示我感觉自己需要做的事情，以此来得到外部认可并证明我能解决一切。

我一直逃避、无视自己身上无法接受的那部分，我没有认识到问题出在我的内心。我可以读完世界上所有关于自我帮助的书籍，每一本都在告诉我我需要自爱，但我根本做不到，因为我并不知道我身上究竟发生了什么。我以为唯一满足自己的需求的方式就是给予别人想从我身上得到的东西。

而这种办法总有一天会失去作用，也是从那时开始我明白自己需要做出改变。我坚信，就如蜕变成蝶一般，我们所经历的事情一定会帮助我们成长，让我们对生活有更深刻的理解。在我们准备好做出改变前，我们需要一点时间。

有时候，我们不明白生活教给我们的道理，直至过往与当下连点成线。过往经历让我们明白我们的行为模式，也给出了供我们挑选的选项。生活在继续，我们仍会感觉艰难与不易。但在自我反思后，我们会变得更坚韧，获得继续前行的力量和勇气。

了解我们自己

由于高功能焦虑并不是一种公认的心理健康诊断，因此关于如何理解和应对它的信息非常有限。这是我借助本书中的五步指南力求改变的现状。而这种"改变"并不是简单地贴上标签，对于我而言，这关乎"理解"。深挖你的行为能提高你的洞察力，得到更多智慧，让你能更了解你自己。

如果我们因为害怕成为累赘而不去与他人沟通交流，那么这同样会表现在我们与周遭世界的相处方式里。它会将我们限制、固定在一个所谓的舒适圈内，而难以有更大的舞台区发挥自我。你并非生来如此，只是后天养成了这样的思维习惯：认为自己就该是这样的。

> 你要摒弃这种生活方式，不再想着自己就该成为什么，
>
> 而是以发展的眼光看待自己。

22岁时，我被诊断患有阅读障碍，这让我十分崩溃。我仍然清晰地记得，那位大学讲师因我生平首次未能通过的论文而与我坐在一起谈话的情景，在这之前我已经做了最坏的设想，以为她会认为我太过愚蠢，让我退出这个硕士学位的课程。但没想到她说："拉丽塔，有人与你谈论过你的用词和造句吗？"

在听见她这么说的时候，我难以控制自己的情绪，痛哭了起来。终于，有人发现了我一直经受的痛苦，我眼里是解脱的泪水，也饱含着问题被发现后的羞愧。我内心的两面显现了出来，而这一刻充满了力量。我知道这位讲师——萨利的问题是出于对我的关心，所以一方面，我感到宽慰，而另一方面，我也竭力掩饰我的问题。

在发现我患有阅读障碍后，我对其研究，充分了解了它。但我仍没有告诉任何人我的患病情况。我意识到，多年来，我已经找到了方法去应对阅读障碍和理解世界。在学校里，我不得不付出比常人更多的努力，不停拿自己与其他同学作比较，他们的学习看似十分轻松，而我却要花很多时间来将知识装进脑海里。回顾过往，我发现这对我的自身价值和自信有很大影响，也明白了为什么我会通过不断追求成就来掩饰自己。

对成就的渴望驱使着我继续深造，我开始攻读博士学位。但直到完成博士学位后，我才被诊断患有注意力缺陷多动障碍（ADHD）。我再一次崩溃，但我也感到宽慰，想到"这并非我本意""我不是问题所在"。注意力缺陷多动障碍的"标签"帮我接纳了自己，因为它帮助我理解了我的想法以及我生活的方式。

事情最终开始好转，我也不再因为自己有"问题"而责备自己。我对学校未能普及与多动症相关的知识而感到愤怒，回想起我必须多么努力（成为佼佼者）才能在考试中取得高分。在学校里，我严守纪律，是个"好学生"。当然，正是由于这种表现让我得到了表扬，我才一直坚持这样做。

只有在我们理解真正的自己后，我们才能理智地与他人进行交流，而不是被动地，或者焦虑地这样做。这就是理解自己所能带来的力量。

高功能焦虑的症状

你现在已经明白，识别高功能焦虑首先要认识和理解其症状和特征，以及了解它可能影响我们的不同方式。只有通过理解，我们才能得到接纳。我与我的来访者用的一个方法是静坐，仅仅就是安坐，不带评判也没有好奇，去帮助他们理解自己。有时候，只需要一面镜子就能帮助我们看清我们的感受从而来。

所以，让我们来看看高功能焦虑的七个主要心理症状——每一种都包含了身心的联系——以及它们在我们日常行为中呈现的方式。为了帮助你更好地识别这些症状出现的情景，我为每个症状给出了例子。

高功能焦虑症状 1：完美主义

完美主义，或者成为一个完美主义者，关乎我们如何将自己呈现给世界。我们对自身的要求过于严苛，对实现渴望达到的目标抱有极高的期望值和明确的实施方案。

为什么？因为内心深处，我们渴望向所有人证明自己足够优秀。

完美主义者往往充满动力、条理清晰，十分可靠，但预期事项未完成时，他们会变得非常挑剔。完美主义也会成为一种焦虑的症状。完美主义的产生通常是由于害怕失败或被拒绝，这种恐惧和焦虑也会不断驱使着他们。而要注意的是，真正的完美并不存在。

前段时间，我和一个正打算开始创业的女士交流过，我问她为什么还没有着手去做，她回答说自己是一个完美主义者，我好奇地想了解其中缘由，说："有时候，我们成为完美主义者，是因为我们内心深处有一种恐惧。"

她坚持自己没有任何恐惧。但当我们深入这个话题时，才发现事实并非如此。她解释说，尽管自己十分强势和独立，但她仍害怕失败，因为她不想让别人觉得自己不再是那个"呼风唤雨"的角色。

她不想让自己看起来不完美，导致她害怕创业失败。因此，相较于冒险开始创业（实际上她完全有能力去做），她选择留在"安全区"内，停留在原地。对失败的恐惧，以及伴随的完美主义，阻碍了她的进步。

对失败的恐惧麻痹了部分完美主义者，让他们无法再继续手头的工作。即便是当代最杰出的成功者，有时也会因为害怕失败、担心他人评判或批评而不敢展现自己的最佳作品。我的意思是，我的来访者都感觉这里出了问题，但他们无法确定到底是什么问题。

这位女士想要开启事业，但用完美主义作为借口一再拖延，而其根源就是害怕失败。这其中有许多层原因，当我们患有高功能焦虑时，我们的高度敏感开始主导生活。我们的行为、反应以及展现自己的方式都是基于我们从过往经历中习得的经验，它们负责保护我们。我们甚至并没有感觉自己"不够好"——我们只是感觉哪里有点不太对。

● **感到"不够好"**

想象一下，我们两个正在聊天，而当我说话的时候，你眼神飘忽不定，心神难安。作为一个患有高功能焦虑的完美主义者，我就会换个话题或者是改变说话方式，因为我会认为你对我说的并不感兴趣。然而，这只是我的推断，你可能只是累了，或者被某些事务分散了注意力。

但是我要展示出我的"完美"之处，我要让一切看起来顺理成章，我也要让事情在我的掌控之下，而这么做能让我感觉足够好，没有任何问题——尽管在内心深处，我知道这并不是真的。这是个临时的补救措施。成为一个完美主义者意味着我无法展现出真实的自我，相反，我需要不停获得他人的认可，而当我获得肯定时，我就会感觉很好。

当我们寻求外部认可时，意味着我们给了他人权力，来决定我们的价值。即我们所做的每一步都是为了满足他人的期待，去成为他人想要我们成为的样子，而不是做我们觉得有意义的事情。是时候将这种"权力"收回来了。

高功能焦虑症状 2：灾难化思维

可以这样描述灾难化思维：认为行为或事件会产生最坏的结果，或者认为事情比其本身要更糟。这是一种认知失调或扭曲的思维方式。当我们将问题灾难化时，我们会过度分析给定的情景，并高估一些糟糕事情发生的可能性。这种想法让我们深深陷入恐惧、焦虑、高压以及困惑之中。

演讲之前感到紧张是再正常不过的，但如果我们认为自己会失声、投影仪会出故障、观众会发出嘲笑声，并让这些负面的场景不断在脑海中上演，在演讲正式开始时，我们的身体就已经处于焦虑状态，因为身心已经在多个想象的场景中经历了各种不顺利的情况。我们为自己创造出了一种情境，让自己过早地与负面情绪连接了起来，这只会让我们越来越焦虑。因为我们的想象让我们深陷其中。

害怕他人的评判导致了我们小题大做，

其根源在于害怕被拒绝。

它给我们设限，阻碍我们释放全部的潜能。

我们了解了灾难化思维——即提前思考太多——因为它能让我们感到安全。如果我们能预知在所有情境中可能出错的事，那就意味着我们能够提前做好规划以及规避。但这也可能导致我们错过机会，因为我们已经在脑海中预演了放弃这些机会的过程。我们正在让恐惧引领前行的道路。如果我们为一切都准备万全，我们就能掌控全局，不出问题。

我们这么做，是为了避免诸如苦恼、羞愧、罪恶或尴尬的负面情绪再次出现，我用到了"再次"，是因为在过去我们有过这些负面情绪，这让我们感觉很糟，所以现在我们想方设法地去避免。这和我们学习的过程是一致的。举个例子，以前被刀划伤过手指，我们不想再受伤，那么往后我们再用刀时就会十分小心。我们的大脑将刀与痛感相关联，将其视为一种危险。又比如上学时，曾有人在我们课堂发言时嘲笑我们，我们感到尴尬和羞愧，所以为了不再次产生这些感觉，我们就开始避免课堂发言。

但当我们小题大做，将问题灾难化时，我们就开始给自己创造不存在的边界和情绪了。而我们的身体无法分别想象与现实，我们将事情灾难化的同时，身体会认为我们真的在经历这些臆想出来的情绪。

例如，如果设想未通过考试、课程考核不合格，我就上不了大学，就不会找到好工作；或者如果工作不完美，我就得不到提拔，职业生涯就会很失败；又或者如果我不能留下好的印象，别人就会嘲笑我、孤立我；我们的身体就会认为我们正在经历这些事情，然后让我们避免这些场景，以此让我们感到安全。

● 感到"不够好"

想象一下，你刚买了一件花哨的上衣，正准备晚上穿着它出门，突然你想起有一次你也穿了一件类似的衣服，你的朋友给出了负面评价。你想象着她对你说："噢，你穿着这么个东西？颜色是不是太亮了，不是吗？"

你脑海中的事实际上并没有发生，而你仍感受到了尴尬和难过的情绪。这时你已经开始将事情灾难化，想象着并不存在的评价，并过度解读当前的情境了。然后当你准备出门时，因为你不想再经历一次那些负面的情绪，所以你开始变得焦虑，最终，你决定放弃穿这件新衣服。

想得太多造成了许多焦虑和恐惧，这也表明你没有按照自己应有的方式活着。你太关心他人的想法，因为你希望别人认为你足够好。但是你要学会应对过度思考，以防止它阻碍你的进步——在第三步中我会展示高功能焦虑的相关解决方法，而在第四步中我们会探讨如何设置合理健康的心理边界。

高功能焦虑症状 3：害怕评价

我们过于担忧他人的想法，导致我们害怕他人的评价。我们不想让他人对我们有"坏"的评价，所以我们让他人来左右我们的价值，尽管如前所述，我们的真实价值并非由此而来。我们开始依附于他人，他人想要的结果成为我们做出决策的依据。

> 人无完人，我们总有不擅长的领域，
>
> 也不可能所有人都喜欢我们，我们需要去接受，
>
> 否则就只能不停地被外部标准牵着鼻子走。

害怕评价与我们在社会中的生存息息相关。对于我们的祖先来说，得到正面的评价而不是被指出任何缺点，意味着拥有更高的生存概率。仔细想想：即使在今天，工作上的成就可以伴随整个职业生涯，而表现不佳可能有被降职或裁员的风险。

我们不能指望所有人都喜欢我们，为我们说好话，那样的话我们无论做什么都能成功，也不能作茧自缚试着成为完美的人。日子不是这么过的，我们值得更多更好的东西。我们能从

失败、跌倒和再次爬起中学到很多，而不是限制自己，不去尝试冒险——这样只能让我们原地踏步。失败正是我们了解自己的韧性和真正能力的方式。我们需要顺其自然，而不是拼命抓住那些我们无法控制的事情。

● 感到"不够好"

想象一个栽满了苹果树的果园，每棵树都开花结果，而你也是这个果园中的一棵树，但你看起来和其他苹果树都不一样：开的花不一样，结的果不一样，散发出的味道也不一样，而这是因为你是一棵橘子树。

你很害怕其他苹果树对你评头论足，所以你违背了橘子树的天性，为了融入群体，试图像别的树一样结出苹果，但你仿佛在进行一场注定失败的战斗，因为你是一棵橘子树，你完全不可能结出苹果来，你不可能与其他树一模一样。

对失败的恐惧让你越陷越深，你立志要结出果园中最好的苹果（表现出高功能焦虑的一面），而隐藏了你本身是棵橘子树这个事实——仅仅因为你不想因真实的自我而受到评判。但是，你是棵橘子树，而不是苹果树，你不能永远隐藏真相。这不应是你本该有的状态，长此以往，会对你造成伤害。

高功能焦虑症状 4：预先焦虑

"预先焦虑"是另外一种对害怕、担心坏事发生的描述。

它的内容具有多样性，但通常都是关于你无法预计或控制的事务。预先焦虑会让你花大量时间去考虑最坏的情况。过于关注不理想的结果会让你更加沮丧，变得颓废。

不可否认的是，我们或多或少都经历过预先焦虑的情况——求职面试、第一次约会、学校考试或是长途旅行——但如果它每一天都出现，那么就会造成精神衰弱。预先焦虑是对未来的恐惧和担忧——害怕坏事会发生，或担心自己无法完成要做的事情。这种焦虑会在我们预想困难的选择、行为或是情景时产生。

预先焦虑会让你在寻找避免恐惧经历的方法时感到筋疲力尽。远不仅限于胃里感到不适或是有点忧虑。高功能焦虑患者会在事情开始前感到极度焦虑，恐惧状态会促使肾上腺素大量分泌，使他们无法冷静下来好好思考。

这种情况，就如同我们前文讨论过的将问题灾难化，以及担心可能发生的事情一样，我们会难以继续手头上的工作，思索各种不同情况的发生，在事情发生前想得太多。但是我们的身体并不想让我们感到焦虑，它会保护我们免受焦虑的干扰，所以，它会阻止我们仅仅因为不好的情况可能会发生就去做些什么。

- **感到"不够好"**

假设你的恋人近来心事重重，而当你关心他（她）时，他

（她）却表示无事发生。然而，你并不相信他（她），转而开始担忧他（她）可能要与你分手。不久后，你便无法阻止自己思考你所预想的分手对话了。而失去恋人又会让你感到难受，于是你就开始食不能寐夜不能寝。但是，明白这只是高度敏感在暗中作祟，有助于你将其抑制在萌芽状态。

高功能焦虑症状5：过度负责

有责任心的人通常关爱他人，具备忠诚可靠、担当责任的特质。但是很容易就会走向过度负责的困境中。过度负责意味着你在取悦他人，将他人的需求放在首位，而压抑了自己，将冲突、批评、拒绝、失望以及伤害最小化或完全消除。

过度负责同时也代表无法信任他人，难以对自己负责。过度负责的人们肩上有着巨大的压力和担子，而这些责任来自他人。因为害怕得不到他人的认可，他们不想让任何人失望，他们觉得有必要解决任何问题，即使这些问题本身与他们毫无关系。结果就是，他们总是说"是的，我可以搞定"，因为只要能完成面前各式各样的事情，他们就会感觉"良好"。

患上高功能焦虑后，讨好、取悦他人就会产生过度负责的症状，而根源是对爱和认可的需求。我们深陷入一个不愿意拒绝任何人的模式——倘若拒绝，就会让别人失望，即使这并不该由我们负责。

同时，其他人也会赞赏我们所做的一切，外部的肯定能满足我们的需求。如果我们能承担所有事，确保一切顺利进行，我们就会对我们的所作所为感到"足够好"，然后我们就会明白：想要再次感觉良好，就要完成更多的事。这就形成了一种重复的行为模式，来满足我们想要达到某项标准的需求。

● 感到"不够好"

想象这么一个场景：你在上班的时候，你接受了经理交给你的一项任务，但在接下来的组会上，他又向你交代了其他事项。你当天的日程已经排满，你也计划好下班后和朋友们出去玩，但你并不想拒绝，因为你不想让经理失望，或是给组内其他成员留下负面的印象。

但同时，你也不想爽朋友们的约，因为你不想让他们觉得你并不重视他们。结果就是，你身心疲惫、倍感压力地和他们出去玩，然后急忙赶回家加班，第二天早上又要早早起床接着完成工作。没人关注你付出的时间，而你自己却感到疲惫不堪，仿佛被困在永无止境的仓鼠轮上。

这便是过度负责导致我们崩溃的原因，以长远角度来看，过度负责并不可行。我们需要充分掌握自己的极限。

高功能焦虑症状 6：过度努力

设定目标然后努力达成，这是大多数人生活的一部分，通过努力获得回报或是取得成就，会让人倍感鼓舞。然而，对于高功能焦虑患者而言，达成目标只是他们满足自身达成外部标准需求的过程的一部分。他们无法花时间欣赏自己所做的事情，也无法停止接受越来越多的挑战，这是因为他们内心的空虚永远无法通过简单的成就来填补。

对于他们而言，那种达成目标后的成就感很快就会消失，他们的成就感只来自他人的赞扬，而不是来自内心的满足和骄傲。因此，基于这种有缺陷的认知，他们的行为模式仍在继续。

我们相信只要努力，就意味着人们会喜欢我们，赞赏我们的所作所为，这满足了我们对外界认可的需求。如果我们能掌控全局，确保万事万全，我们会因为自己所取得的一切而感觉自己被认为"足够好"。随后我们就明白了，为了得到这种感觉，我们需要过度努力。

● 感到"不够好"

我有一个名叫"露西"的来访者，在公司担任高级顾问。她年轻有为，是公司的模范和标杆。但内心里，她对自己充满了怀疑和担忧，经常花费数个小时组织和准备会议。尽管她在人前表现得冷静、有规划、自信，但没人看到她在背后额外的付出和努力。

内心深处，露西觉得自己无足轻重。她认为自己比不上其他的顾问，总是花费大量时间来阅读有关领导力的书籍。她承担了超出自己负荷的工作量，因为她觉得自己还不够好，希望通过这种方式向他人展示自己的能力和展现自己能够胜任现有职位。即便她很难抽出时间，她也从未错过与工作相关的社交活动，因为她想要融入大家。人们认为她外向且健谈，但无人发现她疲于应对与他人的交谈，靠酒精给自己带来能量和自信，以此度过社交活动。

露西完成了许多事情，但是感到"不够好"在迫使她做得更多。她因此养成了过度努力的行为习惯，她通过承受更多事情来展现自己对他人的价值，而忽视自身的真实想法。她的矛盾源于她自己。

高功能焦虑症状 7：掌控感

对于有些人来说，掌控生活中的方方面面是十分费劲的。当事情偏离预定计划，或是出现意外变化时，高功能焦虑患者难以应对。他们将生活规划得很好，自我约束力强，他们的舒适感来自"预知未来"和"一切尽在掌控"。

对掌控感的需要源于我们缺乏自信。我们需要掌控身边的所有事以此来获得安宁，并且往往难以认同他人以区别于我们的方式来处理事情。"放开手"十分困难。在面对不确定性时，掌控感能帮助人们感到更加安全，这会导致人们试图掌控结果、场景、他人的反应，甚至是周遭环境。现状的不确定性越强，人们越是固执地寻求对事物的掌控。

通常情况下，我们之所以陷入这种情况，是因为我们不想感到困难。举个例子，焦虑可能是由于感觉无法掌控生活的一个或多个领域而引起的。当这种情况发生时，我们会更加专注于我们可以控制的事情，并采取适当的行动来帮助我们管理这些事情。

当可能无法获得所需支持时，这就是我们应对的方式。这些行为可以宽慰我们，不让我们感到难受，但这种缓解只是暂时的，因为这些困难的感觉迟早会回来，我们仍然需要去面对它。这种行为模式可能很难打破，但只要有正确的支持，我们完全有可能从中突围。

● 感到"不够好"

想象一下，你开着火车在铁路上疾驰，车上还有很多人其他人，他们都能协助你开火车，但你始终觉得自己必须全程亲自驾驶。你无视所有主动提出帮你分担驾驶工作或让你休息一下的提议。即使你已经筋疲力尽，但你还是继续独自硬撑着。事实上，一点帮助并不妨碍什么。

然而，让出方向盘意味着放弃对局势的掌控以及自己的计划。如果其他人开得太快，火车出轨了怎么办？如果他们不告诉你，要换轨道去其他地方怎么办？这让你感到不安宁。所以，即使你既孤独又疲惫，你还是不愿相信周围人的援助，坚持一个人开火车，直到最后。你的想法还是这样：无论如何，这样子更好，事情都在掌控之中。

所以到这里你已经了解了——高功能焦虑的七个症状。这些症状是否让你感到熟悉？你能否在这些例子中识别出自己的行为？也许这七种症状在你身上都有。毕竟，这七种症状是相通的——它们都与安全感相关，很可能我们在成长过程中很少感到安全。偶尔出现这些症状是正常的，但一直持续下去则是有问题的，会让你精神衰弱，感到疲倦。

高功能焦虑的两面行为

你可能会觉得这一切听上去都很合理，但我该如何运用到自身？我们现在来深挖一下。本质上，高功能焦虑患者有两面："习得面"，即他们向世界展现的那一面；还有"内心面"，也就是他们深藏于心的那一面。"习得面"（高功能的那一面）让他们获得了所需要的安全感和掌控感，而"内心面"则是他们的恐惧、担忧和焦虑存在的地方。在我看来，我们的内心面总是如影随形，但只有我们袒露心扉，我们才能真正认识、看见它。下面的表格阐述了我们身上的这两个面是如何显露的。

习得面 vs. 内心面

习得面（我们对外表现的）	内心面（我们内心隐藏的）
井井有条	过度担忧
善于社交	完美主义者
刻苦努力	总是疲惫
准时完成待办事项	害怕失败
取得高成就	害怕让他人失望
积极主动	拖延
面色平静	难以入眠
成就高于预期	信心不足
成功的	充满恐惧的
看起来游刃有余	难以设立心理边界 / 拒绝他人
能干的	疲惫的
善于察言观色	过度负责
善于解决问题	孤独

当我开始逐渐理解有关我高功能焦虑的经历时，我所做的就是拒绝面对我的内心面。让他人知道我的焦虑状态会让我感到尴尬。所以我只展现自己有爱、有感情、有价值的一面。当然，我们或多或少都会这么做，但当表现完美，避免失败、他人的评判和达到一定阈值时，这种状态就会让我们崩溃。

完全封锁真实的自我是不可能的。持续性地无视我们的需求和心理边界只能导致精疲力竭、焦虑万分以及持续不断的出错的感觉。最开始，这种行为可能是积极的——比如主动担责，取得较高成就，沉着冷静——这会是我们最终的模样。但是，有一种更好的生活方式——一种脚踏实地，只"做自己"的方式，不再任由恐惧逼着我们前行。

在这节中，我们会探索与高功能焦虑相关的七种最常见的两面行为，了解这些症状如何表现，当它们出现时我们如何识别它们。同时，我也对每个高功能焦虑的行为种类做出了分析，解释它们会如何影响我们。我会举出一个来访者的真实案例。所以，下面让我向你介绍"萨拉"。

案例研究

萨拉是一家律师事务所的主管，工作出色，但是当她来见我时，她提到自己正遭受极其严重的焦虑困扰，严重影响了她的生活质量。她无法从过度思考中脱身，这导致她自我怀疑，她的过于进取总是让她筋疲力尽。

在岗位上，萨拉推动着工作的进行，负责的项目遥遥领先，但在背后，她难以在工作和生活中达到平衡。即使在家中，她也会加班处理工作，抽不出时间做自己想做的事情。她很少休年假，即使休年假，也只是在提前预订了旅行的情况下才会离开工作岗位。

　　她从外表看上去是个成功人士，十分优秀，但她的焦虑影响着她的工作和生活。她在划定心理边界、处理罪恶感、维持亲密关系的方面遇到了困难。她还告诉我，她的大脑总在思考与工作相关的场景，这让她身心俱疲。

　　当你阅读下列关于两面行为的种类时，在每个介绍的最后看向"自我反思"问题，问问你自己，花一点时间思考这个问题是否和你相关，回顾你自己的行为模式。诚实面对，你会惊讶于在自己身上所发现的东西。

高功能焦虑行为类型 1
- **过度负责的人 vs. 无所不能的人**

　　面对外部世界，对自己、对自己的生活以及其他人（甚至是预算、体制和团队）负责意味着你的生活很顺利。你看上去平静，掌控着生活，能够解决不同的问题。负责是共鸣的缩影，证明你在乎身边的人、场景和事。

　　然而对于高功能焦虑患者来说，我们容易过分承担别人的任务，为别人的错误买单，甚至是承受别人的情绪。在过去的时间里，我们一直将自己的需求与他人同步，这会让我们感到安全——直到我们意识不到自己正在这样做。但当这种状态继续下去，我们就难以分辨自己与他人感觉的区别，这会造成情感疲劳和自我意识模糊，这就是过度负责的表现。

当我们过度负责的时候，只要事情出错就会让我们感到罪恶，即使从外在看来事情还在掌控之中。当我们从处理各项事务、解决当下的问题中获得大量满足感，以致承担得越来越多时，就会感到疲倦、压力和崩溃。

案例研究

萨拉谈到她手头上总是有很多事要做，而在我们深入探究后发现，其实许多事情都是为别人做的。如果有人让她帮忙做一件事，由于她无法划定心理边界，导致她难以开口拒绝。所以，她的办公桌上和日程表中总是堆满了别人的活儿。

有一次，她的同事请了病假，在他的经理对重新分配工作感到担忧时，萨拉独自揽下了所有额外的任务。这意味着她既要完成自己的工作，还要干好同事的工作，结果就是她疲于应付。我们在讨论这件事时，萨拉表示她不想让经理感到为难，想要让经理轻松一些。而她这样做的代价是损害自己的健康。

▶ 分析

承担其他人的责任往往是避免冲突的一种表现。为了尽力维持和谐，我们宁可背负超出自己应承担份额的重担，也不愿意冒险进行可能导致愤怒或拒绝的艰难对话或对抗。这通常源于我们的童年环境，以及成年后和其他成年人的关系，包括恋爱、工作以及友谊。

▶ 行为模式

过度负责是难以打破的习惯，因为在外部，那些依赖你的人让你不断强化过度负责的行为模式，而内在你又需要感到自己有能力，避免冲突。然而，你承担的责任越多，要保持所有事情正常运转，你就越疲惫。如果其中某处出了问题，你就会感到内疚。这不利于你的持续发展，不能给你带来任何益处。

▶ 自我反思

• 你是否倾向于承担他人的任务？

• 如果你爱的人脾气暴躁，你会认为这是你做的某些事情导致的吗？

• 你是否为他人的错误和情绪负责？

高功能焦虑行为类型 2

● 掌控者 vs. 高成就者

我们先前也提到过，高功能焦虑患者通常都是高成就的人。他们往往精力充沛，有优越的工作，或在其组织内担当领导职务。他们通常会因为卓越的工作表现和无论做什么都能成功的特质同时得到上司以及下属的高度评价。然而，在内心深处，他们在试图控制生活中的一项、多项甚至所有的方面。

掌控生活是一件好事，但对有些人来说，想要控制一切的欲望会让人压力过大，直至崩溃。同时要注意，每个人表现控制欲的方式都不相同。高功能焦虑患者可能会难以处理计划之外的问题，而其他人可能无法向他人表达自己的真实情感。

案例研究

萨拉表示，工作中可能出现的场景不断在她脑海中上演，她对此深感疲惫。曾经，她的经理让她组织一场会议，但没有告诉她会议主题。萨拉对此十分焦虑，并开始想象经理解雇她的画面。

萨拉说，如果她能知道会议的主题，她就能提前进行计划，这会帮她获得掌控感。相反的是，对情况的不了解导致她感到巨大的压力和焦虑，她对自己是否能成功组织会议感到不确定和不自信，她感到情况失控，对他人想法的担忧加深了她的恐惧。

▶ 分析

控制欲可能来源于对不确定性的恐惧，也可能来自一种生活失控的强烈感觉。一种应对这种感觉的办法是在其他领域寻求掌控。不确定性是人生的一部分，对于有些人来说，他们很难应对这种感觉，这导致他们迫切需要掌控身边的一切事物。

不确定性也会带来担忧以及过度思考。结果就是，高功能焦虑患者会控制更多的结果来缓解担忧，以此自我安慰。他们无法控制世界和环境，只能控制自己和他们所掌握的任何东西。

▶ 行为模式

控制欲可能来自对于他人完成任务的不信任。这意味着我们通常要自己承担起责任，来完成所有的任务。当然，因为我们能很好地完成任务，这使得他人更认可我们"高成就者"的印象。我们掌控得越多，我们的成就越多，这就会形成一个无尽的、令人疲惫的循环：我们做得越多，控制得越多；控制得越多，做得越多。

▶ 自我反思

• 你是否感觉你会尽自己所能完成一切？

• 你是否信任他人来完成任务？

• 你是否感觉自己一个人处理事情会更好？

高功能焦虑行为类型 3
• 完美主义者 vs. 努力工作者

有一种看法是，作为一个完美主义者意味着你非常关心人和事，你可以掌控一切，承担责任。在外部的人看来，完美主义者很勤奋，方法灵活，很少犯错，注重细节；完美主义者值得信任，能将事情顺利完成，工作努力、自我要求高。

当这种对完美的渴望出于积极健康的状态时，它能激励人心，推动人们取得成功。然而，当完美主义变得不健康时，它只会持续带来焦虑。患有高功能焦虑的完美主义者给自己和他人设定了不切实际的高标准，而当无法达到这些标准时，就会导致焦虑、不满和怨恨的情绪产生。这也意味着他们会很快发现自己的缺点，对自己的错误过度批判。他们可能很难接受别人的赞美或者庆祝成功。

案例研究

当萨拉第一次来心理咨询时，我问她想从这次咨询中获得什么，她说："我想要解决问题。"我问她："你为什么觉得自己有问题？"她回复："因为我并不成功，不能达到自己的目标。"

事实上，萨拉的伙伴都认为萨拉是一个高成就者，因为工作出色多次获得表彰。当我们进一步讨论相关情况时，我们发现萨拉对自己有着非常高的期望，当她没有达到这些标准时，她就会在精神上严厉地批评自己。萨拉无法照顾自己的情绪，所以她内心的批评声自然而然地在许多场景下响起，让她相信自己没有做到"完美"。

▶ 分析

潜伏在完美主义者精致外表下的，通常是取悦他人的人格。完美主义通常是试图达到内在标准的结果，但也可能来源于对他人评价的恐惧。另外一种深层原因是对失败的根深蒂固的恐惧，这使得完美主义者产生了一种近乎强迫症的强烈需求，力求控制生活的每一个方面。不断追求完美是应对不确定性的另一种防御机制。

▶ 行为模式

试图取悦他人并满足他们自己几乎无法到达的高标准，这一不可能的任务让患有高功能焦虑的完美主义者身心俱疲。这会对他们的人际关系产生负面影响，甚至让他们崩溃。完美主义者要么为了避免失败而拖延任务，要么因为过于专注于把工作做得尽善尽美而难以抽身休息，因为他们太专注于将某一项工作的全过程做好。结果就是，他们总感觉有许多事情要做或需要完善，他们走在一条永远都没有尽头的路上。

▶ 自我反思

· 你是否觉得很难接受他人的批评？

· 你是否很难从工作中抽身休息？

· 你是否对自己和他人都有较高的要求？

高功能焦虑行为类型 4

· **过度担忧者 vs. 镇定自若者**

一定程度的担忧、怀疑和焦虑是生活中正常的一部分。未付的账单、即将到来的入职面试，或第一次会见他人，对这些事情感到紧张是十分正常的。事实上，这些反应恰好证明我们是人类，不是冷酷无情的机器人。高功能焦虑患者看起来很自信，表面上没什么压力，所以，当他们表现出一点点担忧的时候，它仅仅会被认为是关心他人、富有同情心和勤奋的表现——同时保持冷静和镇定。

然而，虽然他们外在是这样，但实际上对头脑中的一切都在过度分析。他们在每一次对话、决定和行动背后都怀有持续的担忧。这种不间断的担忧会导致压力、恐惧和焦虑，但是没人会意识到这一切，因为他们看起来是如此冷静。这就会让他们感到割裂，就好像自己真实的自我从未被接纳，从而让他们感到羞愧，进而隐藏真实的自己。

案例研究

在一次心理咨询中，萨拉表示："我感觉我的大脑一直在运转，但其他人看不到这一点。"她也不愿意让别人知道她的想法，因为这会让她感到尴尬，觉得自己的想法有问题。我问她认为自己哪里有问题，她回答道："没人会喜欢我的，人们会觉得我很无趣。"

这种潜在的想法一直伴随着她，导致她因为害怕被拒绝而总在观察事情的状况。有一次，她约一个朋友一起喝咖啡，但朋友却迟到了。对此，萨拉不是安静地等待朋友到来，而是极度担忧朋友会不会爽约了，并不断想象咖啡店里的其他客人对她自己一个人坐在这里评头论足。

▶ 分析

过度的担忧可以被描述为感觉某件事、某人或一种情况比现实情况要糟糕得多，而恐惧就是这种担忧产生的根源。我们的大脑不停问"如果……呢？"之类的问题："如果我失败了呢？""如果这种方法行不通呢？""如果这样做不对呢？""如果大家不喜欢这样呢？""如果他们生我气呢？"由于大脑会将不确定认为是危险，那么像是在工作邮件中打字这样简单的事情很快就会升级成我们被"炒"了。

▶ 行为模式

"如果……呢？"问题会给大脑带来一个又一个充满各种场景和可能性的困境，不知不觉间，焦虑情绪就已经完全占据上风。你的身体会过载，尤其是当解决这些问题具有难度时。更糟的是，它会成为大脑自动进行的一个流程，因为我们已经习惯这样去做，我们默认了这种行为，使得这种行为模式一直延续下去。

▶ 自我反思

· 你是否注意到自己经常过度考虑各种情况？

· 你是否有那种让你不堪重负的"如果……呢？"的想法？

· 别人是否认为你是一个冷静的人？

高功能焦虑行为类型 5

• 恐惧者 vs. 成功者

许多人都害怕失败，至少有时候是这样。在健康的心态下，对失败的恐惧能激励我们更加努力，反过来就意味着我们能取得更多成就，变得更加成功。这也是为什么患有 HFA 的人往往会成为高成就者，被外界视为非常成功且广受尊重。

然而在不健康的心态下，对失败的恐惧会阻碍我们向前。因为我们害怕努力后无法成功，索性放弃尝试。这种情况下，我们确实不会受到潜在的伤害，不会感到尴尬和失望，然而，这也阻碍了我们自己实现梦想，限制了我们的潜力。

案例研究

萨拉告诉我，她的内心中有一个清单，记录了所有她认为是失败的事情——她也从来没有原谅过自己。当她刚开始进行心理咨询的时候，她也因为自身情况没有很快好转而责备自己。有一次，她外出约会，本来一切进展顺利，但几天后她却被吓坏了。"我的脑海里不断重播我可能做错的事情。"她说。她还不断思索自己本可以怎样做得不同，以避免这次所谓的失败，并为此对自己感到沮丧和愤怒。

▶ 分析

害怕失败可能出于很多原因，你可能有一个爱责怪的父母，也可能是不和谐的家庭带来的家庭暴力或是其他创伤。如果你曾因做某些事失败而感到羞愧或沮丧，这些情绪很可能比事件本身在你脑海中停留得更久。然而，重要的是理解这些感觉更多的是和你对失败的观念以及它给你带来的意义相关，而不是关乎失败本身。正因如此，失败通常在它成为一种实际体验之前就表现为一种感觉。

▶ 行为模式

当我们遭遇失败时，它会带来很多种负面的、消极的情绪。尴尬、焦虑、愤怒、悲伤、羞愧都是失败经历的一部分，因此，我们通常会尽力去避免这些感觉的产生。我们会毫无保留地去追寻成功，直到筋疲力尽，也可能从此便不再渴望任何成功。在前一种情况下，取得成功会让我们更害怕失败；而在后一种情况下，我们会更害怕去尝试和争取。

▶ 自我反思

• 你担心失败吗？

• 你担心别人对你的看法吗？

• 你是否难以对自己的成绩感到自豪？

高功能焦虑行为类型 6

• 令人失望者 vs. 有健康边界者

当人们，尤其是你所爱的人向你寻求帮助时，表现出关心和包容是件好事。在别人请求帮助时答应，或者多辛苦一点只为了让别人不失望，即使这意味着你需要承受较大的压力，这样的举动无疑也会让你显得格外体贴入微。我们之前提到过，外部标准对于高功能焦虑患者具有重要作用，它是让我们感觉足够好的要素之一。然而我再强调一遍，要认识到这种感觉是外部的，我们有时会牺牲我们真正想要的东西来寻求它。

不愿意让他人失望会导致讨好他人的行为——无法拒绝他人，缺乏心理边界。当我们将他人的需求放在我们自己之前时，会反过来让我们感到压力过大、不堪重负、劳累过度。这也可能滋生对他人怨恨的情绪，并不断地后延自己的心理边界。

案例研究

（在咨询过程中，我发现）萨拉没有合理的心理边界，这让她饱受焦虑困扰。我在咨询的时候了解到，她和她的妹妹住在一起，并且她的妹妹总是进房间和她闲聊，即使萨拉手头上正有工作要忙。我问过萨拉为什么不告诉她妹妹自己很忙，萨拉回答："我不想让她失望。"

结果就是，萨拉过度劳累，经常忙到深夜才能休息。她承担起了照顾妹妹情绪的责任，为了让她开心，甚至允许她无视自己的界限。我们在共同探讨这个话题的过程中，萨拉意识到她放任了很多人以这样的方式对待她，总是想让自己一直"在线"，害怕让他人失望。

▶ 分析

失望，是一种复杂的情绪，难以处理。它包含了一系列负面的感觉，如失落、悲伤、羞愧、尴尬、愤怒、沮丧和恐惧。我们害怕让他人失望，实际上是害怕他人不认可我们，最终拒绝真实的我们。

因此，为了得到他人的认可，我们不断地试图取悦他人，无法拒绝他人，这让我们的心理边界逐渐模糊。心理边界定义了我们是什么、不是什么，决定了我们允许什么以及拒绝什么进入自己的生活。仅仅是为了不想让他人失望，而放任他人越过我们的心理边界，本质上是在拒绝真实的自己（我们将在第四步详细讨论关于心理边界的话题）。

▶ 行为模式

当我们让害怕令他人失望的情绪主导自己的行为时，就好像用头撞墙一样徒劳，这是因为：尽管我们尽了最大努力，我们仍无法控制他人对我们的看法。失望的要素之一便是具有主观性。人们基于各种各样的原因对某些情景做出相关的反应，有些事情对你来说非常重要，但对他人来说可能无关痛痒，这就更难去分辨了。我们终究会陷入徒劳的困境中，试着取悦他人，而实际上他们对结果却可能无动于衷。

▸ 自我反思

- 你是否担心让他人不高兴？

- 你是否难以拒绝他人？

- 你是否担心会让他人失望？

高功能焦虑行为类型 7

● 过度努力的人 vs. 拥有一切的人

当我们不断鞭策自己达成一个又一个目标时，他人会认为我们十分励志，好像能够掌握全局。注意不要误解我的意思，不懈努力从而达成自己的目标是非常美妙的事情，既能丰富人生阅历，也是学习新知识的大好机会。但问题在于，你所努力的目标是自己深深热爱、全身心投入的，还是仅仅为了达到一个外在标准来展现自己足够好、博取他人认可的。

对于高功能焦虑患者来说，这种对外部认可的需求意味着你所取得的任何成就都不足够，因为你所追求的积极感觉来自外部，而不是内部；是来自他人的认可，而不是达成向往已久的目标的满足感。这种恶性的需求会不断吸取你的能量，直到你彻底崩溃，这并不利于你的长远发展。

案例研究

萨拉在公司内被评选为年度优秀职工，同时也获得了其他荣誉和奖项。然而她始终致力于在自己的工作中变得更"优秀"，成为一个无论需要付出多少额外时间，都能高效完成任务的人。

这确实让她得到了很多赞誉，但随之而来的是外部更高的要求，从这之后她的个人生活受到了很大影响。她确实很努力地工作，但是没时间打理自己的生活，也没有时间维护和朋友、家人、恋人的关系。她的焦虑感铺天盖地袭来，但她仍然无法停止接受额外的工作。

▶ 分析

努力工作，实现梦想，这没有什么问题。但若工作占据了生活的全部，让你没有精力再顾及其他事情，或者你开始思考这份工作是否是自己真正想要的，问题就出现了。就好像一条蛇一直追着自己的尾巴跑，不断地转圈圈，持续追求认可和成就，但没有持续性的回报。萨拉太想要别人认为她足够好，导致她忘记给自己留点时间，直到逐渐逼近崩溃的边缘。

▶ 行为模式

达成来自他人的外部标准就好比吸毒上头，可能会带来一时的愉悦，但这种愉悦很快就会消失，只会让我们的渴求更多，以此来感到同样的愉悦。萨拉喜欢得到他人"足够好"的评价，因为这能满足她的外部标准，所以她不断逼迫自己在工作上成为"第一名"，而这损害了她的个人生活和心理健康。

▶ 自我反思

- 你是否总是强迫自己去努力，即使你已经没有精力？
- 即使不愿意，你还会去接手处理一些事情吗？
- 你是否感到劳累 / 崩溃？

评估一下你自己

花点时间反思一下。你和你的生活中是否出现过上述的两面行为？你是否发现了你以前没有注意到的行为模式？我记得刚开始了解我自己的行为模式时，我的面前仿佛出现了一片新大陆。虽然了解这些没能让我更轻易地控制自己的情绪，也没能给那些行为做出一个解释，但是我得到了答案。我不再责怪自己，不再认为自己身上存在问题。我的生活从此发生了改变。

第一步总结

我们来回顾一下我们在第一步学到的东西。你认识了什么是高功能焦虑，它在不同的人身上有怎样的表现，它的根源在哪。我们也探索了高功能焦虑的七种主要心理症状，讨论了与其相关的两面行为。在第一步中，你了解了高功能焦虑如何产生，自己的行为是否与其相关。记住，偶尔有那些负面感觉是正常的。但若它们开始占据你的生活，影响生活质量，就不正常了。

　　认识到自己患有高功能焦虑只是一个开始。接下来，你需要将自己展现给世界的那一面与内心中尚未发现的真实自我联通起来；这样，你会更加了解你自己，能够找到所有你需要的答案。我们所做的一切都是有意义的。既然你读到这里了，那么你已经在解决问题的路上了，坚持下去，我们开始第二步。

第二步 »
解析行为，发掘内心，面对阴影

现在，你对高功能焦虑，以及与其相关的症状和行为模式有了更进一步的了解，也明白了它们从何而来，是时候继续深入学习了。在这一章中，我们将深入潜意识，以便更好地了解我们的行为模式，以及为何我们会以当前的生活方式。同时，我们也会讨论过去的经历会如何影响我们当下的感受，为什么我们会觉得自己不够好。

如同考古学家深入层层历史探索过去一样，我们将层层分析你自己，找到你身上高功能焦虑的根源。这会让你获得深刻的见解，让你沿着正确的道路继续前行。

回顾过去，是为了更好地前行

我想通过这本书告诉你，我们要摒弃以前的想法和习惯性的思维模式，代之以全新的态度、想法和能力，以及从不同的视角审视生活。通过回顾过去，探究高功能焦虑是如何产生的，我们将重拾那片遗落在自我觉察之外的内在风景——因为我们要么是选择性地一直无视它，要么是它一直在那，但我们从未注意到。我们的人生好比一块完整的拼图，但是我们手上捏着的只有拼图的碎片，也没有说明书告诉我们每一块该放在哪个位置。只有我们完全了解了自己，才能一叶知秋，将碎片拼成完整的图像。

而在此之前，我们可能感觉自己并不完整，总觉得自己缺了点什么。这种感觉会让我们产生一种强烈的欲望，无休止地推着我们找到任何可用的东西来填补空缺，即便这会让我们在半路迷失自我。我们只图一时的感觉"足够好"，去做我们以为别人想要我们做的事——无法说"不"——或是担心他人对自己的评价。殊不知这些行为阻碍了我们去选择自己的道路，阻止我们沿自己的路，而不是别人设定的路线前行。

我们过于忙碌，甚至都不能静下心来好好思考一会儿，只依靠酒精、加班或者刷手机来寻求片刻的解脱。因为我们难以直面自己的内心，以至于在内心世界中，我们与真实的自己逐渐分离开来。对于内心中自己无法接受的方面，我们选择去无视，因为我们没有其他更好的办法来解决问题，甚至都没有意识到我们的内心正处于这样的挣扎之中。

也许我们的社交只是为了不让自己感到孤独，也许我们并不在乎与一些酒肉朋友的关系是否能满足精神需求，我们只是习惯了"聊胜于无"。或者我们"借吃消愁"，将吃作为一种调节情绪的方式。就算我们知道当下的生活方式并不合适、人际关系并不健康，我们也不愿意反思自己、回顾过去。相反，我们继续这样生活下去，以免有时间去感受内心的折磨、精神的空虚。

你无法逃避自我

这就好比吃止痛药，你只是麻痹了自己的痛苦，但是不能从根源上消除痛苦。如果我们无视根源上的病灶，只是不停地吃止痛药，我们就会产生"耐药性"，今后会需要更多的止痛药来达到相同的麻痹效果。当我们患有高功能焦虑时，我们用其他事物来分散自己的注意力，而不是直接面对。然而，那些用来分散注意力的事物就是止痛药——它们不能帮助我们从源头上根除病症。

这不是长久之计，无论你做什么，这些感觉都将一直存在。如果你的人生只是为了达到外界的标准，取得外部世界的成就，这通常意味着你富含感情的内心世界——你对亲密关系的需求——被放在了第二位。那些本该给你提供最强烈安全感的方方面面反倒让你感到威胁，并将对人生之路的忧虑投射到了外部环境。

但你不能一直逃避自己，如果你在成长过程中发现，做某些事情或以特定方式表现能够得到表扬，那么你就会继续这些行为。获得表扬让我们感觉良好，我们会将它与被重视、被认可——最终与被爱——联系在一起。

成年后，我们将这些行为模式内化成人生的一部分。是因为只要我们能成为一个高成就者，我们就会获得表扬，周围的人也会高兴。我们认为他人高兴是因为我们足够好，而反过来说，如果我们让其他人不高兴，就意味着我们得不到他人的认可，也就是说我们不够好。

孩童时期，我的父母在课外给我安排了额外的补习班。他们十分关注我的教育，因为他们当年没有机会在求学之路上走得更远。他们希望给我最好的，所以我也逼着自己去成为学校里最优秀的人。我想让他们开心，因为如果我做得不好，他们就会难以接受，就会用其他方式来让我变好。

所以我成了一个高成就者，我明白老师会因此表扬我。这也成了我的生活方式，基于父母和老师对我的期望，我严格遵循着所有能让我表现最好的规则。现在当我回想起来，我能看到自己当初是如何轻易地陷入了这样的模式。

这些行为模式基于过去的经历形成，驱使着我们不断向前。它很轻易地驱使着我完成一件又一件事情，从未让我停下思考我到底想要什么——我也没有意识到这是我本可以做的事情。

整合你的双重自我

唯一摆脱这种生活状态的方法就是深入其中，勇于面对痛苦和黑暗。当然，这听上去很可怕，我们常常选择逃避，因为我们总会将其夸大化，而且这意味着我们要放弃原有用来维持控制感的行为模式。摒弃以前的行为模式有点难以接受，就好比告诉你天空实际是绿色的，而不是蓝色的。

还有一件事：有时候我们并没有意识到我们被困在这些行为模式中，只有在某些事情发生后，以前的处理方式无法解决问题时，我们才意识到存在问题，从而又强迫自己去转变方式，而这个时候，我们就可以深入根源，而不仅仅是应对症状。

> 改变可能会令人恐惧，但总比你待在原地，
>
> 无精打采，魂不守舍要好。

在这一节中，要探秘你未曾触碰的自我深处——那些因恐惧与羞愧而被你压抑或掩藏的方方面面。我并不是说你是故意将这些阴暗面隐藏起来的，而是你可能从未意识到你已经这样做了。你已经完全习惯将这些感觉藏起来，而你自己却完全没有发现。但现在是时候敞开心扉了，好好看看你所有的情绪和特点，包括那些你不喜欢的方面，比如猜疑、嫉妒、贪婪或是你害怕的、依靠的、渴望竞争的那些方面。它们是我们的"阴

暗面"，我们在前面第一步提到过。尽管这部分被我们隐藏了起来，但是我们仍与其藕断丝连。我们很容易对我们的阴暗面感到羞愧，如果这些阴暗面重见天日，我们会担忧被他人拒绝。

在过去，你可能没有合适的方法来处理这些情绪，这也是你隐藏它们的原因。但现在，你可以学会承担起这些情绪，做出有意义的选择。掌握你天性中的这部分充实了自我的定义，让你能够更全面地看待自己。

是时候认识自己的内心了，

无论是"好"的部分还是"坏"的部分，

都要勇于接纳，让你自己更完整、更真实。

为了整合你的两面——习得面和阴暗面——你需要直面阴影，学习如何调节你的情绪。这是你探索自己的重要部分，是通向自我意识的道路，同时也能找到关键问题的核心。将这两面联系起来意味着敞开心门，理解内心世界。它能帮你实现由从外向内到从内向外的转变，所以你不用再依赖外部世界去感觉自己足够好；相反，你会感觉自己本身就足够好，并取得与内心世界的联系。它会给你的认知带来巨大的改变。

深入内心

所以，如何才能实现由从外向内到从内向外的转变？考虑到我们的外在面——即我们向世界展示的那一面——是由我们基于过去经历所形成的生活规则或观念支配的。尽管这些规则／观念是为了让我们感到安全，但它们基于对被拒绝的恐惧，因此限制了我们的发展：我们让自己的生活不断远离那些被我们藏起来的想法，实际上却限制了自己。

如果你认为自己不够好，就好比戴着有色眼镜从你的视角看世界。你对他人的感觉和反应都过于敏感，不想成为别人的负担，不愿意被别人拒绝，难以在面对各种状况时游刃有余。

想象你在朋友家喝茶，他谈到今晚有许多事情要做。他可能只是想让你知道他的计划，但你就觉得他在催你离开，为什么？因为你担心成为他人的负担，害怕给别人造成麻烦，所以你透过有色眼镜，看到了他人对你潜在的拒绝。你臆想着你的朋友让你离开，即使这并不是真的。用这种感知方式面对生活只会给自己的人际关系造成影响。你是否意识到了那些限制自己的条条框框在外部世界对我们本身和处事方式的影响？

以前我特别在意别人的时间。在一次体育课上，我本想问老师一些问题，但是我并没有这样做，因为我不想给老师添麻烦。尽管她已经问过我们是否有疑问需要解答，但基于当时强加于自己的狭隘观点，我还是没有开口。后来我与心理咨询师讨论此事时，我们最终深入了解了这个故事中我所背负的内疚感。我发现自己害怕打扰他人，我狭隘的观点认为这会让他人拒绝我，我对此深信不疑。

我不知道如何正确理解拒绝，所以我尽全力降低它发生的可能性。在这个过程中，我迷失了自我，不再自信，质疑自己。我对自己很苛刻，在需要的时候没有寻求帮助。我认为自己"不够好"，这是内心世界投射到外部世界中的表现方式，体现在我的生活方式中。我没有意识到的是，这场内心的斗争是我自己与自己之间的斗争。我也不知道有什么方式可以克服它。

新的生活方式

当我们重获深入自我的力量时，我们与自己之间的斗争将会更加清晰明确。最开始时，你会感到不知所措，因为你认为你所了解的关于自己的一切都将改变。你会将自己所有的不同碎片汇聚在一起，以便展开更加海阔天空的视野，而这个过程中你的情绪将会起伏不定。

然而，只有了解问题的根源，你才能摆脱以前的想法带给你的负面影响，过上真正自由的生活。事出皆有因，我们需要做的就是找到"因"，解决"因"，而不是消除"事"。

想象一下，有一棵苹果树，它叶子枯萎，花朵稀少，果实寥寥。对此，你可能会浇更多的水，让这棵树暂时重现生机，树叶会再次变绿，也可能会开些花。但如果你不解决这棵树真正的问题，你所做的就只能是临时的补救。你需要深入土壤，看看是不是树的根无法吸收某些营养成分。如果只着重于让树叶重新变绿，我们就只能解决表面问题。有时候我们必须要由表及里，弄清真正的问题所在。

这听上去不那么容易，事实也确实如此。但成功后获得的回报是值得的。从这点来说，我们要开始注意到直觉所起的作用，问题和方法往往会以意想不到的方式，在未曾预料的时刻突然浮现在脑海中。不要用想象力放大恐惧，相反，要利用它的力量来帮我们展示一种新的生活方式。

当我们开始解决自己的问题时，

我们会变得脚踏实地，事情也会变得清晰明了。

我们信任自己，积极地利用自己的思维，

这样我们才能变得完整，变得充满力量，最终开花结果。

我们仍可能在某些特定情景下感到罪恶或羞愧，但这些感觉不会再那么强烈。我们可以学会如何调控自己的想象力，我们可以掌握调节、处理情绪的办法，这样的话，它们就没办法再支配我们的行为。

想象一下，你正驾驶着一辆汽车，而你的情绪是车上的乘客。有天你拐错了弯——这好比你做了被认为是不对的事情。以前，羞愧感会抢走方向盘，代替你驾驶。即使车上还有其他情绪，你也不会让其他情绪接手，因为羞愧感是其中最强大的。

但一旦我们完成了书中的任务，重新了解了自己，你就不会再被夺走方向盘，你能稳稳地控制着自我前行的方向。

为过去的自我而悲伤

你可能有这种感觉：你会怀念以前的自己和过去的生活方式——而它们是基于你对自己不完全的认知所产生的。而为了你的人生发展，它们都必须被剥离。摒弃一些习以为常的行为——即使它们并不让你满意——是很困难的。大脑倾向于熟悉、固定的事务，而不是改变。就好比一个小孩依赖安抚奶嘴，即使他已不再是婴儿。

我们的大脑会认为维持现状能带来"安全感"，而我们的理智会告诉我们摒弃旧习惯的必要性。与其类似，想要清楚认识我们自身的阴暗面——即我们隐藏、否认的那些方面——并不容易。但是，想要自己变得完整，我们就必须面对它们；否则，它们会在我们的生活中不断地出现。书中所提出的问题和自我反省能带来富有成效的结果。深入内心也能让你发现自己天性中尚未发展的积极特质，以便于你将它们融入真实的／有意识的自我中。

在过去，你可能已经基于自己的"不够好"而延伸出了自己人生的意义和目标，但书中的方法会帮你基于"足够好"重新定义你的价值、人生的意义以及所追求的目标。效果就是，你会比以前更加亲近你自己，现在做出的决定和改变都将更加久远、更加积极。是时候以新的方式面对他人了，你不会再因为害怕而拒绝深入交流或是做出承诺。

自我反思

- 回想一下我们在第一步中提到的高功能焦虑行为种类。
- 你是否认为你的焦虑存在根源性的问题？
- 是什么样的恐惧导致了你的一些行为？
- 当你恐惧时，你的身体会有什么感觉？

童年经历的重要性

科学研究表明：我们童年早期的经历会给我们留下持续性的影响，这些影响会埋藏在我们内心深处。我们会怀着一种潜在的想法逐渐长大，那就是生活是无法预测的，我们需要为他人的情绪负责，而我们自己的情绪则没那么重要。我们每个人对看待自己、看待他人、看待世界都有着不同的想法。这就意味着当我们与他人交流时，不同的经历和观点会发生碰撞。

我小时候充满了好奇心，总想要了解身边的事物，但通过与他人的互动，我很快学会了收敛这份好奇。作为家中的女性成员，我们被教导要学会照顾他人。我感觉我不应该成为父母的负担，不能给他们"添麻烦"，因为他们尽全力在给我和兄弟姐妹更好的平台和机会，而这些是他们不曾拥有的。反对他们对我的人生规划会让我感到内疚。

这种想法一直延续到了成年，导致了我与他人之间的相互依赖的问题。我想要取悦他人，想知道为什么我没有以我想要的方式被认可、被爱。这是一段很长的路，它也向我表明过去的经历如何塑造我们内心的想法和习惯的行为模式，我们应该以怎样的方式展现给外部世界以及如何引导我们成年之后的路。这就是我们所谓的"核心信念"，我在下面将会进一步解释清楚。

童年早期的经历以一种并不显眼的方式烙印在我们身上，
我们只有用正确的方法才能认识它，
并学会克服这些早期经历留下的行为模式。

特定的童年经历会留下影响，这对地球上所有的生物来说都是相通的，并不仅仅体现在人类身上。这是一种深刻且本能的东西，构成了我们生物学基础的一部分。以海龟为例，一旦被孵化出来，小海龟就会利用海滩的斜坡、海浪的轰鸣声和海水反射的光找到走向大海的路。尽管前路漫漫、危机四伏，成年后，它们却能精确回归诞生之地。

科学家发现，它们之所以能做到这一点，是因为它们在第一次摇摇晃晃走向大海时就已经通过磁场记住了自己出生的海滩，产生了特殊的生物印记。而当它们想要"回家"时，就会通过印记寻找这一特定的磁场。然而，如果人类看到小海龟挣扎着想要入海而上前帮它，海龟就不会产生这种特殊的印记；它们需独立完成回归大海的旅程，方能成就真正的自我。这对人类来说也是一样的，成长与自我实现需依托于适宜的环境。

每个人都是独一无二的，有着独特的性格和品质。因此也对应着不同的需求。情感上的、身体上的，以及其他形式的忽略正如同人类帮助挣扎的海龟回归大海的过程。它们影响着我们大脑神经元的连接模式，让我们基于外部经历所形成的想法产生特定的行为模式。我们最终限制了自身，仅仅是因为自身的想法。

举个例子，如果在年幼时，你的母亲遗弃了你，你就会认为你所亲近或依赖的人最终都会离开你。最后，你会发现自己无意识地被那些符合你悲观预期的人吸引，反复选择那些会抛弃你的伴侣。或者你会非常害怕他人的离开以至于你全力控制着一段关系，而这最终只会推开那些你珍视的人。

这样的行为习惯让我们有安全感，即使我们已经困在其中。我们小心翼翼地藏好自己的阴暗面——我们不愿其他人看到的那一面。如果继续遵循这些行为模式，我们永远都不会知道这些行为模式形成的原因，也无法将习得面和阴暗面融为一体。

自我反思

• 你在成长的过程中有何感受？实话实说，这并不是要你去指责某人。这关乎你对你童年的理解。

• 撇开与父母或抚养人的关系不谈，他们真实的模样是怎样的？例如：我的父亲在情感上很疏远。我的母亲总是陪伴着我。我的抚养人将爱视作惩罚。我的抚养人充满了控制欲。

• 现在，基于每段关系给你带来的影响，写下你内心的想法。例如：我明白我需要照顾自己。我明白了我是被爱的，有人支持我。我认为爱是要去争取的。我认为如果遵从别人的意愿，事情会变得更容易。

• 你是否曾感觉过爱是要去争取的？如果有，是什么让你有这样的感觉？

• 思考你与他人的三段关系，你能否发现三者中有相同的行为习惯？

我们的核心信念

核心信念是一个人长时间持有的强烈想法，能塑造人的世界观以及自我认知。核心信念就好比一块镜片，我们透过它看到世界，而这块镜片是在人生早期基于童年经历形成的。它既可以帮我们理解某些事物，同时也可能会阻碍我们，限制我们的发展。

举个例子，当核心信念是"我不够好"或是"我有问题"时，你就会用这两个观点来看待世界。它此时就限制了你，给身边的事物染上了"不够好"的色彩。这些有限的观点会逐渐成为你自己的真理——直到你打破它。你可能都没有意识到你有这样的核心信念，它藏在深处，如白蚁啃食木材地基，造成看不见的破坏。一旦你无意识地将某些观点作为真理，它就会引导你做任何事情来验证其正确性，即使这样会伤害你或限制你。

某种特定的核心信念具有强大的力量，以至于你发现尽管自己渴求成功，最后却仍然失败。你不理解为什么你总是以同样的方式失败，而逐渐地，这些失败成了自证预言，不断告诉你：你不够好。

可悲的是，"不够好"的核心信念并非真相。所有徒劳的努力、所有的自我伤害，都源于你不断向自己讲述一个黯淡悲凉的故事——而起因就是你在过往被对待的方式或是自己的想法出了问题。事实上为了向自己的无意识心理证明这个虚假的故事是真的，你"创造"出了一个现实。你的无意识心理会以察觉不到的方式来证明某些让你感到挫败的"真理"。

听起来好像我是在说自暴自弃的行为是你自己的错。事实是，你向你的潜意识撒了一个谎，你的潜意识相信这是真的，而这或多或少有你自身的责任。但事实并非如此，我们每个人都有各自的人生旅程，我们对自己的经历和与他人的关系的感知也不相同。

接受真实的自己，弄清过往经历对自己的行为习惯有何影响，是理解高功能焦虑如何影响你的一部分，也有助于你早日找到打破这些行为模式的方法。

善待自己、原谅自己、保持好奇，
它们都能帮助你对抗"我不够好"的核心想法。

层层叠叠

下列的图表展示了早期的经历是如何基于我们的周围环境以及基因/神经的组成来塑造核心观念的。这些核心观念引导我们去做出假设，制定人生规则，塑造我们感知世界、与世界互动的方式。从外表看来我们可能过得很好，而基于这些假设所引起的反应会导致一些突兀的想法，以及相应的情绪、行为甚至身体上的感觉。

举个例子：一种突兀的想法可能是"他们不喜欢我"，结果就是我们感受到了被拒绝；这种感觉可能会导致身体上的反应，如肠胃不适，也可能导致我们一蹶不振（行为表现），或是变得沉默而退缩。而关键是要识别并能够筛选这些复杂的层次，并最终打破阻碍我们前进的信念枷锁。

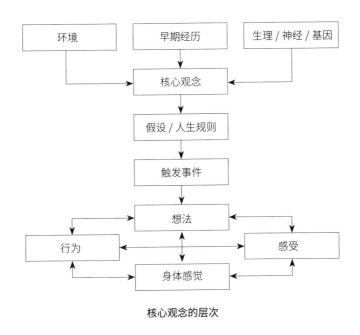

核心观念的层次

但是，我们该如何改变从小就根深蒂固的东西呢？最重要的一点就在于释放我们真正的潜力，而要做到这点就要充分理解这些行为模式形成的原因。尽管在最开始时很难准确找到，但有一些已被证实的心理学理论可以帮助我们，当我与来访者进行心理咨询时，我将它们都融入我的实践中——依附/依恋理论和马斯洛需求层次理论。

接下来我们会探索这两个理论，具体看看它们是如何与高功能焦虑相关的，以及如何将它们应用于自身。一旦你理解了高功能焦虑背后的科学理论，我们就能推进到第三步，你就可以学会用相关的方法来帮助自己克服问题。没错！改变是大有可能的！

依附理论

我们通过与他人的联系，才得以在这个世界上生存。我们与另一个人建立起依附关系的最终目的，就是为了寻求某种亲密关系。当我们还是孩子时，我们需要依靠他人的爱、养育和照顾。而长大成人后，我们仍能从爱和其他关系中获取满足感。

但是，高功能焦虑及与之相关的恐惧会阻碍我们获取真实的感受，让我们无法深入任何一段关系，无论是朋友、同事或是恋人。我们需要明白在一段关系中我们给予了什么，又获取了什么，并理解它的重要性在哪，感激我们所创立的关系，最后深入领悟何为亲密。

充分认识让我们感到安全的事物是十分重要的，因为如果我们缺乏相关的认识，任何可能发生的改变都将动摇我们的世界，造成恐慌和焦虑。充分的认识也能帮助我们从一个安全的角度出发来驾驭人际关系，而不是被恐惧摆布。以下是英国精神病学家约翰·鲍比（John Bowlby）所提出的依附理论的简要概述。

理论简述

依附理论提出：人生中早期的情感体验会影响成年后与他人及自己的关系。鲍比认为，与他人建立依附这一行为模式是自我们出生便刻在基因中的本能，因为它能帮助我们生存下去。[3] 然而，我们形成依附的方式，以及生命早期他人与我们交流、对待我们的方式，共同塑造了一个样板来引导我们如何应对和回应未来的人际关系，如何看待自身、关联他人，也决定了我们自我意识的水平。

如何理解

在理解如何与自己和他人沟通时，我们建立依附的方式便是关键。要想了解更深层的自我意识，我们就需要回顾自身早期的经历。当监护人能敏感地体察孩子的需求和不适，并作出适当回应的时候，孩子就会知道他们的需求是合理且值得被满足的，从而在今后的生活中建立起积极的自我形象。这便是充满安全感的依附。

但是，无论是出于什么原因，在首要抚养人没有满足孩子需求的情况下，缺乏安全感的依附便会产生。它会以不同方式影响孩子未来的人际关系。在这节中我们将仔细探讨充满安全感的依附与缺乏安全感的依附，以及与之相关的不同类别。

实践中的依附理论

在我们成长的过程中，总会有一些事情对我们的人际关系造成影响。我们不会总是以相同的方式去面对，而有时候这就是困难所在。这就好比我们在跳一支需要一直努力跟上节奏的舞蹈。有时候我们会跟不上节拍，只能重新去找旋律，直至再次"踏准节拍"，顺畅共舞。

我们作为成年人，会经历各种不同的关系。我们基于童年时期而形成的深层次的行为模式和复杂因素仍可能表现出来。问题的关键在于，我们如何与周围的人共克难关，以及如何在与他人交流的过程中保持空间。我们需要记住：身边的人和我们是站在同一边的，我们不能在恐惧中逐渐沦落自闭，因为这只会让我们更容易受伤害，破坏我们与他人的紧密联系。让我们通过下面的例子来学习依附理论是如何在实践中运用的。

情景： 爱丽丝的男友为他们计划了一个浪漫之夜，他告诉爱丽丝自己已经将一切安排妥当。但是，那天到来时，他却问爱丽丝想要做什么，想要吃什么。爱丽丝让他在下班回来的路上去买几瓶牛奶，但他却忘记了。爱丽丝心中十分生气，因为她认为自己的男朋友本该言而有信。但为了避免冲突，她选择压抑自己的不满，仍旧与他一同外出约会，尽管她感到十分沮丧，觉得自己没有被倾听、被尊重。她掩盖了自己的不满，以此避免了可能发生的冲突。

　　依附类型：当爱丽丝还是小孩时，她的父母因为工作忙，使得她的情绪无处安放。她感到自己成了父母的负担，给他们添了许多麻烦。结果就是，她逐渐建立起了缺乏安全感的依附，总是担心被拒绝。

　　关系中的"规则"：为了感到被需要，爱丽丝不得不在人际关系中讨好他人。这给了她一种自己足够好的感觉。

　　依附观念过程（不确定）：如果爱丽丝小时候建立的是充满安全感的依附，那么她就会这样做："我应该告诉我的男朋友，当他并没有给约会做计划，以及忘记买牛奶的时候，我是怎样的感受。这样他就能理解这件事对我有多重要。我并不是在责怪他，但让他知道我的感受能帮助我们更好地理解对方。"

　　这是一个基础案例，阐述了童年经历会如何塑造我们的行为习惯。而接下来的案例会从另一个角度出发，描绘一个小孩如何基于"不想成为父母的负担"这一观念而产生依附。

　　案例研究

　　皮特小时候，母亲的身体并不好，父亲需要外出打工。他记得有段时间母亲甚至连床都下不了，逐渐地，他感到自己不能再成为母亲的负担。每次他的母亲对皮特说他有多么令人骄傲的时候，皮特总是很高兴，因为他能让母亲开心。即使他成绩并不好，总是遭到其他学生的欺负，他也没有告诉过任何人，因为他不愿意添乱，也不想让母亲的状况变得更糟。

▶ 行为模式

随着皮特不断长大，他在工作中、对待朋友以及对待恋人仍然继续着这种行为模式。当他发现别人处境艰难时，自己也会感到煎熬，并且从不会去"添乱"。这让他情绪低落，最终求助于心理治疗来帮助他理解自己的行为。

在心理治疗的过程中，皮特意识到：他从未开口说过自己的感受，因为他潜意识地认为自己会给别人添麻烦。这并非在责备他的父母或学校没有注意到这些问题，而是为了让他明白自己体验世界的方式是如何封闭了自己的内心，让理智占据了主导。这意味着他难以做真实的自己，只能通过观察他人的反应来调整自己，而不是相信自己的感受。他也意识到自己很敏感，他的需求集中于自尊上，而不是他人的认可和对爱的渴望。

▶ 依附类型

了解自己究竟是拥有安全感的依附还是缺乏安全感的依附类型，可以帮你摒弃破坏你人际关系的行为习惯。你会理解、明白一切，主动做出不同的选择，与他人建立起有意义的、真实的、深层次的联系。

每个人都要探索属于自己的人生经历，要在生活中发现属于自己的东西。你的经历对你来说是独一无二的，然而，当进入一段关系时，很有可能会产生四种主要的依附类型——缺乏安全感的焦虑型，缺乏安全感的回避型，缺乏安全感的混合型以及充满安全感的安全型。每种类别都是基于不同的童年经历而产生的。

充满安全感的依附类型与积极的自我形象、良好的抗压能力、舒适的自主权和建立良好人际关系的技能相关。能够建立安全型依附的个体对自我了解得更为深刻，因此能够更高效地表达需求，并使其得到满足。

缺乏安全感的依附类型的特征是消极的自我认知，而在成年之后会以不同的方式表现出来。例如：回避型的人认为他们的需求得不到满足，表现出低水平的感情状态，避免亲密关系的产生。相反地，焦虑型的人会提高自己的压力水平，以此来满足他们的需求，导致他们成年之后的人际关系中会产生戏剧性的冲突。

四种依附类型的概述

依附类型	性质	行为特征	症状来源（根源经历）
缺乏安全感的焦虑型	从伴侣身上寻求高度亲密感、认可和回应	可能担心伴侣的不忠，对任何可感知到的人际关系的威胁高度敏感	在首次建立依附时，习得感情是带有条件的，比如抚养人把爱作为惩罚

（续）

依附类型	性质	行为特征	症状来源（根源经历）
缺乏安全感的回避型	倾向于感情上疏远他人，避免亲密关系的产生	可能将自主和独立放在首位，压抑自身情绪，难以依赖他人	在首次建立依附时遭到了忽视或其他形式的虐待
缺乏安全感的混合型	混合了焦虑型与回避型的特点，渴望亲密关系但又害怕被拒绝	难以信任他人，自身价值模糊，在人际关系中行为反复无常	在首次建立依附时，抚养人在照顾、惩罚和情感等方面不可靠 / 前后不一致
充满安全感的安全型	自如地面对情感上的亲密，对自己和自己的人际关系感到安全	能够信任他人，面对未知和挑战时有安全感，能够高效解决压力问题	在首次建立依附时，抚养人始终如一、充满着爱，能够被完全信赖

你的依附类型是什么

下面的测试是以一种非正式的方式来进行自我评估，深入内心来帮助你确定你的依附类型。依附类型十分复杂，由许多因素决定，因此，这个测试只能给你关于自己主要依附类型倾向的大概结果，而不是精确的诊断。

当思考下列问题时，适当考虑个人条件、工作以及恋爱关系：

1. 面对亲密关系时，你的感受如何？

A 非常舒适自如，我很容易敞开心扉，亲近他人，进行情感上的交流

B 还算轻松，我需要一定时间来相信他人，打开心门

C 感觉困难，我更喜欢一个人待着，在亲密关系中难以放开自我

2. 若在人际关系中产生了冲突或矛盾，你通常如何应对？

A 我会试着找到解决问题的方法，通过细致的沟通解决问题

B 我会试着妥协，找到折中的办法，但可能会为了避免冲突而继续保持和谐

C 当问题产生时我会回避，拉开距离

3. 在一段人际关系中，你是否总是担心被抛下？

A 并没有，我在人际关系中充满自信，有安全感

B 有时候会，尤其是这段关系中可能会发生矛盾或冲突时

C 是的，我总是害怕被抛弃，在人际关系中缺乏安全感

4. 在你依靠他人，或是他人依靠你时，你有何感受？

A 对这两者我都感到十分轻松，毫无拘谨

B 我更青睐一定程度上的独立，但在需要时也能依赖他人

C 对这两者我都感到有些困难

5. 你是否轻易地信任他人，认为他们把你的最大利益放在
心上？

A 是的，大体上我相信人们，认为他们都是善良的

B 我有所警惕，需要一定时间与他人建立信任

C 不是，我难以信任他人，总是感觉我会让他们失望

打分：数数你的答案中每个选项各有几个。

• 如果你的 A 选项最多，这表明你所建立的依附充满安全感。

• 如果你的 B 选项最多，这表明你的依附类型是缺乏安全感的焦虑型。

• 如果你的 C 选项最多，这表明你的依附类型是缺乏安全感的回避型。

记住，这个测试只是作为自我反思使用，不能完全涵盖复杂的依附类型。如果有需要，我建议你寻求专业的心理健康医疗服务，以此获得更准确、全面的评估结果。

无论现在你的测试结果是什么，都不意味着你以后会一直这样。这是你理解自己的一部分，而在之后它会给你带来改变。意识到自己在关系中的行为模式源于过去的经历，是迈向选择新生活方式的重要一步。

自我反思

• 现在你应该大致了解了自己的依附类型，回顾自己早期的经历，是否能找到它的来源？

• 你的依附类型怎样塑造你目前的人际关系（包括朋友、同事、恋人）？

• 如果可以的话，你会做出怎样的选择来打破这些行为模式？

• 对你而言，一段健康的人际关系应该是怎样的？

马斯洛需求层次理论

在我们讨论高功能焦虑时，需求一词经常被提及。这是因为基于过去的经历，我们习得自我挫败的行为模式，以此来满足自身的需求。在上面的测试完成后，你已经明确了你自己的依附类型，那么现在让我们更深入地探讨"需求"一词。

关于需求，最盛行的理论之一便是美国心理学家亚伯拉罕·马斯洛所提出的。他认为，所有的人类都在努力追求他所谓的"自我实现"，这是表达"最好的自己"的另一种方式。马斯洛表示，为了完成自我实现，我们必须首先满足人类需求的不同"层次"。[4]

当我们患有高功能焦虑时，我们总是在根据过往习得的经验试图满足那些不曾言明的需求，这些需求表现在我们的行为模式、与他人相处的方式以及在无意识中给自己制定的生活规则之中。然而，如果这些行为模式依赖于他人以一定的行为方式来满足我们的需求，就会给我们增添困难，让我们感到筋疲力尽。向外寻求需求满足意味着我们永远不会完成自我实现——要达到目标，我们必须向内探索，从"心"出发。

理论简述

在约翰·鲍比提出的依附理论的基础上，马斯洛提出了"需求层次"的概念。需求层次通常被描述为一个五级金字塔（见下图），根据需求的重要性进行排序：第一级是我们最基础的生理需求（如空气、水、食物、居所和睡眠）；第二级需求则与自身安全相关；第三级需求有关爱和归属感；第四级需求关于尊重（自尊和得到他人的尊重）；而第五级需求就是自我实现——有关个人成长、探索生活、成为最好的自己等，对不同个体而言，第五级需求不尽相同。

理解要点

你可以在图表中看到：需求的级别是依次递进的。但是，满足某一级别的需求并不一定要完全满足前一等级的需求，满足五个等级的需求也不意味着我们就能达到自我实现。马斯洛并不认为满足前四级的需求就能帮助我们直接进入第五级。对某些人来说，想要完成这其中的某些级别是十分容易的；而对有些人来说，诸如处境安全、食物充足、两性亲密等目的是难以达成的。但无法做到这些也不代表我们不能达成"自我实现"的最高层级。

马斯洛需求层次理论

马斯洛的理论是：个人成长是一个持续的过程，我们一直在进化、成长、改变。只有去和他人沟通交流，我们才能提升自我，保持进步。而这种成长处于不断发展的状态，因为涉及每个人独特的才华、能力和潜力。只有开拓自己的视野，不断挑战自我——学习新技能，在陌生的领域考验自我时——我们才能不断成长。

我们的需求以及与高功能焦虑相关的完美主义

缺乏自尊会阻碍我们满足高层次的需求——比如因为高功能焦虑而感到不够好。让我们看看马斯洛需求层次理论是如何通过与其相关的完美主义行为与高功能焦虑联系起来的。

生理需求

高功能焦虑和完美主义会使人们过度关注功绩和成就，因为我们会优先满足自己强加于自己的高标准。不断强迫自己超越极限以达到不切实际的标准，可能会导致睡眠障碍、饮食习惯失衡以及长期的心理压力。时间一长，这些习惯就会对我们的身体健康和整体幸福感造成负面影响。

安全需求

完美主义者可能会极度依赖外界的认可和评价来获取自身的安全感。高功能焦虑加剧了对这种确定性的需求，催生出强烈的警惕心态和对失败的持久恐惧。对无法达到预期或出错的恐惧会引发长期的焦虑情绪，侵蚀个人的安全感，阻碍我们接纳生活中的不确定性。

爱和归属需求

追求完美，不断寻求他人的认可和接受，可能会使我们难以与他人建立真正的联系，因为如果我们无法达到自己或他人的预期，我们会害怕听到他人的评价或拒绝。害怕真实的自己不被接受，会使我们远离真正的爱和归属。

尊重需求

完美主义者可能得到外界的认可和赞扬，但他们的自尊往往是由难以达到的高标准决定的。高功能焦虑会扩大自我怀疑和对自身不足的感知，导致长久地感到自己不够好，甚至会使人患上冒充者综合征。

自我实现

高功能焦虑和完美主义会阻碍自我实现，即释放全部潜能，追求个人成长和目标达成的过程。对完美的不断追求、自我批评以及害怕失败可能会阻止我们去冒险、去探索我们真正的激情和兴趣，限制我们自我发掘和成长的机会。

面向真实

总的来说，高功能焦虑和完美主义会打乱马斯洛层次理论的平衡，干扰我们满足低层次的需求的同时也妨碍我们向自我实现进步。但如果我们能建立起健康的自我价值认知，重构对完美主义的认识，就可以更好地满足自己的需求，摆脱焦虑带来的负担，不再追求无法实现的完美，在真实的人际联系中找到满足感。

想要妥善解决这一问题，就要认识到焦虑和完美主义所带来的影响，采取积极的措施来建立自我同情，设定符合现实的目标，并且在必要时寻求他人的帮助。只有解决这些基本问题，我们才能促进个人成长，找到幸福，最终走向自我实现，过上更平衡、更充实的生活。

　　通过与他人的互动，我们不仅能了解自己，

　　　更能发掘出自己可以成为什么样的人。

　　　每一次的互动都可能学到新的东西。

　　为什么能这样？因为这样做能让我们的内心世界变得充实，或者让我们感觉良好，甚至感到生活富有挑战。无论情况如何，这种学习既能增加我们的智慧，也能让我们在未来面对生活时有更深刻的见解。

　　如果自尊水平不高，你可能会感觉自己在寻找长久的爱情和归属感的路上步履维艰，因为你的自我价值是建立在对别人认可的需求上的。而童年时期缺乏积极的外部关系会阻碍自尊的建立和发展。

　　举个例子，如果你小时候每次哭泣，你的抚养人都告诉你不要哭，因为只有婴儿才会哭，这就会让你感到哭是不被允许的。抚养人可能会认为他们是在安慰你，事实上却是给你灌输了一种消极的观念，在你真正想哭的时候强迫你去笑，仅仅是为了得到你想要的肯定。你自小就寻求他人的认可，因为你认为这是你证明自己足够好的唯一方式。你认为自己无法为自己做决定，需要别人给你指路。

然而，当你退后一步，审视这种习得的行为并理解它的来源时，你会清楚地意识到，这实际上是你内心对外界眼光的揣度与感知，并非他人的真实想法。

在我进行心理咨询时，我使用了一个名为"自我价值金字塔"的三级模型。第一层是自我认知，在这一层，我们开始认识真实的自我以及我们真正渴望的东西。第二层是自我接纳，在这一层，我们接受真实的自我，接纳它所带来的一切。第三层是自我热爱，在这一层，我们超越了接纳，真正地热爱自己以及我们的一切——当我们知道自己已经足够好时。

当我们知道自己已经足够好时，我们的人生便会以不同的方式绽放。我称之为"自我拓展"——当你放下那些对你无益的东西，让对你有益的东西进入你的生活。真正审视我们行为的各个方面以及它们的来源，能让我们摒弃关于自我的旧有观念，拥抱无限可能的自我蜕变之旅。

虽然我们中的许多人可能无法发挥自己的全部潜力，但马斯洛认为，我们每个人都会有所谓的"巅峰成就"，即自我实现的时刻，我们实现了自己从未想过可能做到的事情，并为之付出了很大的努力——比如完成学位、跑完马拉松、创作一件艺术品或其他重要的生活事件。[5]

自我反思

• 你感觉目前你处在马斯洛需求层次的哪一等级？让我们深入了解一下——为什么？

• 为了向金字塔的更高层次迈进，你需要做出什么努力？

• 你是否有过"巅峰成就"的时刻？如果有的话，你是否对自己的成就感到骄傲？如果没有的话，是否有相关的原因？

讨好他人的行为

人生早期的情感忽视可能导致人们表现出讨好他人、过度负责、渴望控制感等行为，以及高功能焦虑的其他症状（见第一步）。显然，如果我们的情感需求没有得到相应的满足，我们就会通过其他方式来填补这种需求，而这可能导致我们患上高功能焦虑。好消息是，一旦我们理解了这一点，我们就可以有意识地做出决定来改变我们的行为模式。以下是一个案例研究，展示了如何实现这一点。

案例研究

在迈克尔还是小孩时，他生活在一个物质需求得到满足但情感安全需求得不到满足的家庭中。他八岁时父母离异，他记得他们经常争吵，母亲告诉他，父亲对她不好。

当迈克尔长大后，他在各种关系中都在扮演"负责人"的角色，包括在公司里。他被视为一位优秀的领导者。他通过管理他人的情绪并确保每个人都感觉良好来满足自己对于爱和归属感的需求。

▶ 行为模式

当迈克尔还是个孩子的时候，每当他的母亲不开心，他都不想让她的情况变得更糟。因此，他试图给予母亲他认为她所需要的东西，以防止她变得更不快乐。他觉得自己需要对母亲的感情负责，因此选择不和他的父亲来往，以免伤害她。这种行为模式一直持续到迈克尔成年，他试图通过为每个人负责来证明自己是足够好的。

▶ 如何理解？

只有当迈克尔开始认识到这种行为模式时，他才能够从中解脱出来。随着自我意识的增强，他的自尊心也随之建立，这促进了他对真实自我的更深层次的理解、接受和欣赏。他开始明白自己不需要讨好他人也能感觉足够好。同时，他也认识到自己不能"解决"所有人的问题，必须适应并接受这一现实。在这个过程中，迈克尔逐渐建立了自信，设定了心理边界，学会了尊重他人。他的生活决策变得更加主动、充满意义、深思熟虑。

在这一点上，我想提醒你，我与你分享的这个以及其他所有案例研究都是作为例子。每个人的经历都是独一无二的，都是基于他们个人的成长经历和其他影响因素的。因此，虽然这些故事可能在某种程度上引起你的共鸣，但探索你自己的经历以真正发现这如何适用于你是更为重要的。同样值得注意的是，不同的人对相同的刺激或经历可能会有不同的反应。

讨好他人并不是出于关心和希望别人快乐，而是通过操控他人的反应来获得安全感。归根到底，讨好他人是对被拒绝或不受欢迎的恐惧——甚至是自我厌恶的表现。我们花费一生去讨好他人，说"好的"以满足他们的需求，而没有理解或甚至考虑过说"不"的另一种选择。事实上，讨好他人行为有两面性，如下表所示。

讨好他人行为的两面性

习得面（我们展示的）	阴暗面（我们隐藏的）
动力十足的	自我批判的
乐于助人的	寻求外部标准的
高效的	消极的自我形象
有条不紊的	缺乏联系的
可靠的	缺乏自我价值的
礼貌的	厌恶的
殷勤的	孤独的

（续）

习得面（我们展示的）	阴暗面（我们隐藏的）
善解人意的	缺乏心理边界的
关心他人的	焦虑的
忠诚的	筋疲力尽的
令人满足的	失掉方向的

成为重塑自我、告别迎合的人

一个改过自新、迎合他人的人，是一个有意识地、主动努力摆脱不断寻求认可并将他人的需求置于自己的需求之上的模式的人。他们经历了一个自我发现、设定心理边界以及学习真实表达的过程，在满足自身需求和适应他人之间达成了更为健康的平衡。

学会说"不"

你有多少次在真正想说"不"的时候却说了"好的"？倒一杯咖啡，准备一支笔和一张纸，然后找一个安静的地方来完成下面这个关于讨好他人的主题的练习——它会帮助你确定何时需要说"不"。

- 画一个圆圈，将其命名为"时间"。现在在其中分出睡眠、工作、旅行、社交、独处、家庭和朋友这几块，代表你目前平均每月如何分配时间。要实事求是。

• 再画一个圆圈，同样命名为"时间"。现在，使用上述相同的分类法将这个圆圈分成不同的部分，代表你理想中想要如何分配时间。

• 画第三个圆圈，将其命名为"人际关系"。现在，使用诸如"我""我的伴侣""孩子""家人"（我喜欢的）、"家人"（我不喜欢的）、"同事"（喜欢的）、"同事"（不喜欢的）、"朋友"（喜欢的）、"朋友"（不喜欢的）、"客户"（喜欢的）和"客户"（不喜欢的）等类别，将这个圆圈分成不同的部分，代表你与这些人相处花费的时间。

• 画第四个圆圈，同样将其命名为"人际关系"。现在，根据你理想中想要共度时光的对象，将圆圈划分不同的部分。

• 接下来，考虑第一到第四个圆圈的情况，列出一个清单，确定（1）当你想要或需要说"不"时却说"好的"的场合，（2）你不想花费时间与之相处的人。一定要实事求是。

• 现在找一个你信任且明智的密友，或让配偶来帮助你。逐项查看这个清单，并问自己："我在这件事上有选择权吗？"如果你确实有选择权（极大概率会有），就不要再去做这件事或不再见这个人。就这么简单。

• 预想一下你需要说的话，将其礼貌地表达出来。如果有必要的话，写一封信或一封电子邮件。在可能的情况下，解释你的原因。如果你在这件事上没得选（由于家庭义务、同事或某个活动），集思广益，想想如何减少这件事或这个人对你生活的影响。然后，照计划做就行了。

你的新立场可能会让他人震惊，或冒犯到别人，所以你需要提前预想如何处理这种情况。但是立场一定要坚定。这不是一场辩论。你不需要任何人的许可。这是为了让你的生活更幸福。正如我常说的，人生苦短，所以不要把你的时间花在你不愿意做的事情或你不愿意见的人上。

觉醒真实的自我

了解你的依附类型，或是看到你在需求层次金字塔上的位置，虽然不会立即改善你的情况，但它可以帮助你提高自我意识，进而利用这种意识来打破阻碍你前进的破坏性行为模式。正如我之前提到的，只有了解这些模式，我们才能克服它们，并最终摆脱那些无意中塑造我们的童年经历。

虽然我们的过去可能定义了我们，
但正是现在，我们可以放下期望，与自己建立联系，
并重新学习如何成为自己。

当然，我们的意识可能会抗拒这一过程。识别或承认我们

生活中需要改变的地方并不容易，而且我们可能会有强烈的欲望停留在既定行为模式的"舒适区"中。但生活可能会迫使我们改变，无论是通过危机、崩溃，还是仅仅厌倦了现有的生活方式。

虽然你可能在当时并不觉得你自身的努力是有价值或积极的，但随着意识水平的提高，你会获得更深刻的见解，而进一步得到启迪和自我扩展。这会在你身上引发你可能从未想过的更新和转变，消除阻碍你进一步成长和发展的因素。

我与我的来访者分享他们需要的办法，以了解他们为什么会做这些事情——也就是我在这本书中与你分享的。这有助于他们获得必要的见解，以摆脱这些行为模式。许多来访者告诉我，他们希望自己能在生活中更早地经历这个"觉醒"的过程，并表达了对自己长久以来沿袭这些模式所感受到的沮丧和困惑。

他们反思自己，事实就是：他们因为核心信念而导致自己受到限制，一直为别人而活，摆脱这些限制让他们意识到自己在过去几年里被一叶障目，不知道还有其他解决问题的方式。但这并不是他们的错。就像海龟可能不会意识到自己的大脑被（不）友善的人类重新布了线一样，我们也是一样。

当我回顾我的人生时，我对我走过的路感到悲伤。我记得在被诊断为阅读障碍后，我开始理解为什么我复习的方式与众不同，以及为什么阅读对我来说如此艰难。我记得有一次，老师让我读一篇课文。我内心感到焦虑和恐慌，但我还是设法完成了任务。有些单词的读音我发起来很吃力（现在仍然如此），我能听到其他学生的笑声，内心充满了羞愧，但我还是继续下去了。我现在可以理解为什么老师们没有注意到发生了什么，因为我学会了不表现出我的真实感受。这对我来说，是高功能焦虑两面行为的一个典型例子。你对此也有共鸣吗？

自我反思

写下五个词来描述自己的童年，例如；充满挑战、有人帮助、敢于冒险的、受到关照的、困惑的。

- 你认为这些词中，有哪些仍然适合描述你成年后的生活？
- 你想改变这些词中的哪些？例如："有人帮助"和"受到关照的"都塑造了我在人际关系中寻求和提供支持的方式；"敢于冒险的"影响了我对新体验和挑战的开放程度；"困惑的"反映了我常常因为不理解别人的观点而封闭自己的情况。
- 你从这些词中能得到关于你行为模式的哪些见解？

走向自我意识

自我意识能帮助你更好地理解自己为什么会有特定的感觉和想法，以及为什么会以特定的方式行事。它也反映了你如何看待自己，并与个人发展高度相关。不断深化的自我定位意识，是建立稳固人际关系不可或缺的一部分。

关于我们的潜意识中发生了什么，我们其实并不了解，但很明显的是，我们的潜意识在影响我们的行为方面发挥了重要作用。

唯有赋予自己停顿与觉醒的空间，

我们才能获得深刻的见解，了解自己是如何展现自我的。

如果不做出改变，我们小时候在潜意识中形成的模式将会保持不变，即使情况发生变化，我们也会自动继续保持原有做法。

有一个关于被圈养的大象的故事，大象在小的时候被链条拴住，无法逃脱。当它们长大后，链条被换成了绳子，现在这些强壮的大象可以轻易地挣断绳子并解脱自己。然而它们并没有这么做，因为它们仍然相信自己无法挣脱束缚。它们在小的时候就被烙上了无法逃脱的信念，这个信念一直伴随着它们，就像曾经束缚它们的链条一样坚固。

这个略带悲凉的故事向我们展示了我们是如何轻易地陷入自己的象征性束缚中的，仅仅是因为我们小时候所经历的事仍如影随形。我们的大脑被训练保护我们免受伤害，它通过学习某些行为来让我们避免儿时体会到的"不够好"的感觉。但这些行为逐渐变成阻碍我们全身心享受生活的桎梏。只有通过提高自我意识，我们才能逐渐摆脱束缚。

例如，如果你小时候每次伸手向母亲求助时，她都把你推开，那么你就会基于这种经历对自己、他人和世界形成某些观点或信念。你可能会认为自己不值得被爱、不配得到爱，并相信每当你需要什么东西时都会被拒绝。你可能难以信任别人或依赖他们。你可能已经习惯了独自处理事情，并坚信你必须依赖自己。

然而，这些感觉不能被永远隐藏——当有人达不到你的期望时，它们会在你生命中的某个时刻以挫败、愤懑或怒气的形式爆发。你被过去的记忆所束缚，除非你明白"链条"已经不存在了，否则你永远无法摆脱束缚。

自我反思

• 你什么时候最苛责自己？比如工作中、人际交往中、在公众场合中或独自在家中？

• 你有没有为了得到他人的认可而假装成为另一个人的情况？

• 你周围是否有特定的人，你在与其相处时更加敏感／感到不自在？他们有什么共同点？

• 你什么时候会感到自我价值提升？

• 你最害怕从他人那儿得到怎样的评价？

· 你是否觉得你的某些信念在阻碍你？

· 你还能记得小时候被拒绝的经历吗？

评估自我

现在你基本上完成了第二步，感觉如何？花点时间让你所了解到关于自己的一切都沉淀下来。同时也给自己一点鼓励。仅仅做到这一点——拿着这本书，保持投入和好奇，继续前行——你就已经展现出了你的内在勇气和力量。

你掌握着释放你的限制性信念和行为的钥匙，能够摆脱束缚，不再停滞不前。为你到目前为止所取得的一切成就感到骄傲，也为你想要深入了解和探索而骄傲。走向自己内心的旅程有时会充满困难和情绪。协调我们的习得面和阴暗面并不容易。但如果你足够坚强，坚持下去，就会有回报。我相信你可以的。

第二步总结

我希望你现在对高功能焦虑的来源有了更好的理解，以及一旦我们认识到了与之相关的行为模式的起源，我们就可以开始改变它们。现在，请利用这个机会更全面地探索你自童年以来所持有的内在形象和模式，看看这些过往经验是如何表现为高功能焦虑和"不够好"的感觉的。这样做会让你在潜意识中产生新的见解，并运用到实践之中。记住，当你给自己时间和空间来让事情变得主动时，你就会变得有力量。

现在是改变的时候了。你可能已经花了很多时间去做你相信别人认为你应该做的事情。现在你有机会停下来，反思，并评估一下。通过评估、反思和整理你到目前为止所取得的成就或未取得的成就，你将能够重新评估和重新制定现在对你重要的价值观和目标。重新考虑什么对你个人有意义。你的个人需求和愿望是什么？你存在的目的是什么？你想用余生做些什么？

"挥别过往，迎接新生"。现在是时候允许自己成为真正的自己了——去做自己想做的事，而不仅仅是你认为自己应该做的事。既已释怀旧我，何不拥抱新知？在接下来的三个步骤中，我将为你提供进入新状态所需的方法。准备好了吗？

重新
学习

第三步 »
发展自我链接，超越你的恐惧

我（治疗师）：你表达了对完成这份工作报告的抵触情绪。

来访者：是的。我觉得不自在。

我：你说的不自在是指什么？

来访者：人们期望我能够讨论这个话题，并且无所不知。但是，我并不能达到这种程度。

我：如果你说了一些别人不同意的话会怎么样？

来访者：人们会批评我，认为我很愚蠢。

我：那么，你其实是在担心，如果你"说错"了什么，别人会怎么看你？

来访者：是的，他们可能无法接受真实的我。

我：所以，你害怕被别人拒绝？

来访者：我没这么想过。不过确实，我不想给人留下不够好的印象。

探索自我觉察（self-awareness）之路，去发现并接受真实的自我，是一段可能需要很长时间才能走完的旅程。不过，如果你一直在努力，那你已经在这条路上了。现在，让我们稍稍暂停一下。我知道，你可能在想：可是我刚刚才明白了自己为何会有这些感受，以及它们从哪儿来。我已经深挖内心，接触到了我以为永远隐藏起来的那部分。我剥开了许多层次，暴露了很多恐惧。现在，你却让我……停一停？

当然，也不是完全停下来。这其实是我们共同旅程中的一个节点，我们可以在这里盘点所发现的一切，来正本清源。正如我之前所说，HFA 源自恐惧。在前两步中，你做了一些工作来探究你的恐惧从何而来，将它从黑暗之中释放到光线之下。现在，在继续前行之前，你需要理解你的恐惧。只有这样，你才能继续前进并获得真正的自由。

当我们清楚恐惧想要告诉我们什么的时候，
我们就能摆脱现有的生活方式，并学习一种新的生活方式。

和我一起工作的人经常对我说："可是，如果我不再以这种方式生活，我就不知道我是谁了。"接纳"不知道自己是谁"这一点是放下恐惧的重要一环。当恐惧不再驱使你的时候，你是谁？

理解我们的行为模式

在第二步中，我们回溯过往，探秘童年经历如何塑造个人的 HFA 特质。我们深挖了我们的核心信念（core beliefs）、四种依恋风格、需要的理念，并探究了儿时经历是如何伴随我们步入成年的。这一切，可以称为**遗忘**（unlearning）。

我常用一个很生动的比喻：一个考古学家挖掘层层土壤以探寻过去。然而，当这位考古学家抵达了坑洞的底部时，他的工作并未结束，还需要检查每一层土壤，从土壤中提炼出学习的种子。我们的探索过程也是如此。虽然我们现在知道了这些行为模式的来源，但真正的任务在于理解它们。这是**学习**（learning）新的生活方式的第一步。

在婴儿时期，我们的生活取决于照料及满足我们需求的人。如果那些照料者没能满足我们的生理、情感以及安全的需求，那么后来我们就会找到其他方式（在无意识中）来满足它们。我们还可能会因为照料者没有给予支持而愤怒和失望，或者因为感到自己是个负担或要求过多而内疚。

我们注定会重温这些儿时的信念、模式和期望，直到将它们带到意识中并理解它们。届时我们将能够赋予那些发生过的事件以新的意义。

你已经完成了这段旅程中最艰难的部分，那就是承认你的阴影和那些在你的生活中不断浮现的模式。现在，是时候深入挖掘并为自己配备必需的学习工具，来帮助我们驾驭生活继续前行了。当客观地审视自己的行为模式和生活准则时，我们就能更好地理解它们是如何形成的，就可以将自己从重复同样的行为中解放出来。

　　把你的行为模式和人生准则带到光明中来，

　探索它们的根源，是赢取自由和内心平静的第一步。

　　身体有自己的记忆，情绪就蕴含其中。当我们因为照料者没有给予我们所需要的东西而感到愤怒，并将其转化为对行为的限制时，我们也就切断了与内在力量的联系。通过回到过去，回到我们早期的愤怒和痛苦中，我们可以释放这些被困住和压抑的能量，将其重新融入我们的心灵，焕发身心活力。

　　理解自己的行为模式有助于我们发现内在的力量，去主导自己的生活。当我们深挖时，我们将发现一种内在的力量和独立感，这将帮助我们获得新的方向或目标。

　　这一切听起来都很美妙，也确实如此。但是，要到达这一境界需要经历一段旅程，在这段旅程中，我们可能会感到自己的根基像在地震中一样摇摇欲坠。这是因为即使我们生活中的既有框架并不令人满意，我们仍然发觉很难放手那些熟悉且稳定的东西。我们执着于已知和现有的东西，即便我们内心的另一部分渴望挣脱束缚。

我们将必要的改变视为对自身存在的威胁，因为这些既有框架或行为模式曾为我们提供了最大的安全感。所以，尽管外界事件可能会迫使我们正视自己，我们依旧紧抓着既有的存在方式，希望颠簸能够停止，哪怕我们生活的结构正在崩塌。这场颠覆，虽然在经历时看起来困难重重，其实是放下过程中必不可少的一部分，而且这一切都有其原因。我们正在触摸自己的"核心自我"（core self），夺回属于自己的力量。

重新链接核心自我

许多人相信，我们每个人都有一个更深层的自我，或者说是核心自我，它从潜意识中引导我们，并调节我们的成长和发展。就像一颗梨籽知道自己注定要长成梨树而不是苹果树，我们内心深处也有一部分知道我们注定成为什么样的人，以及我们要如何实现它。当人们谈论"相信自己的直觉"时，他们可能是在挖掘自己内心深处的这一部分。然而，对于患有高功能焦虑的人来说，信任是一个难题，因此他们失去了与核心自我之间的链接。

通过学会信任自己、静坐以及在引导下逐渐平静，我们可以重新与核心自我链接，找回核心自我。诸如个性化、自我实现、自我满足和觉醒等概念都描述了这一成长过程：即利用那些从我们所经历的一切中汲取的智慧和意义，来成为我们命中注定要成为的人。我们可以在经历中成长。

即使我们不相信存在核心自我来引导我们，通过从所处环境中寻求意义，也能使有创造性和成功的解决方案更易出现。我们需要让颠覆顺其自然，让它打破陈规和限制，为创造新事物让路。这是唤醒内在力量的唯一途径。

一旦我们与内在的力量和核心自我重新建立链接，

我们不仅会感到更加完整，

而且会感到更有活力、更有依靠，也更理智。

这是极其美妙的感觉。

我们会感到自己有了做决定的能力，即使面对过去那些让我们不知所措或恐惧的情境，我们也相信自己会安然度过。开始这一过程，就像向下更深地挖掘，重新找回那些遗失在泥土中的珠宝，那些我们隐藏起来甚至难以找寻的未曾表露的积极特质。

现在是时候利用你在第一步和第二步学到的知识（无论是否全面）来选择一个新的展现方式了。当你找到自己高功能焦虑的根源时，你就能最终理解它，以及它是如何影响你和你的行为的。

别忘了，高功能焦虑的根源是恐惧。克服它的秘诀在于学会如何管理恐惧——与恐惧共舞，而不是让恐惧掌控一切。但是，只有当你明白恐惧想要告诉你什么时，你才能做到这一点，而这对我们每个人来说都会有所不同。唯有重新与你的核心自我链接，你才能解脱并构筑一种不同的存在方式。

HFA 工具箱

别妄想有什么一成不变的法则能当作改变你生活的万能钥匙。我们每个人都是独一无二的，某些对他人行之有效的方法，可能对你一点用也没有。改变，就是需要你去尝试不同的方法，看看它们是否适合你。不过，我能够为你提供开始改变的工具。

请逐个尝试下面这些 HFA 小工具，来看看哪个最对你的胃口。还有，别忘了对自己温柔点！你可是在摆脱和改变多年来的存在方式。这需要时间。所以，对自己有点信心，相信你终会成功的。

如果你是《星球大战》的粉丝，你可能会明白下面这个比喻（如果不是，请继续看工具 1）。当一个学徒在接受成为绝地大师的训练时，他们会问尤达大师自己需要做些什么。尤达大师的回答很有名："你必须有耐心，我年轻的学徒。"成为绝地武士需要有一种调低周遭一切"音量"的能力，这样你才能引导和感受到"原力"。这也正是我们需要做的事情——活在当下，这样我们才能管理自己的情绪。

工具 1：放下期望

在我人生的某个阶段，我厌倦了所有因为我的期望落空而带来的失望和心碎。经过大量的反思和努力，我现在已经尽我所能地不抱期望。我试着顺其自然，任由事情自然发展。遵循这种"策略"或生活方式让我更加平和，也更能接受生活、事件以及我自己。当然，每当我抱有期望时，我还是想给自己一巴掌（这是一个难以彻底摆脱的讨厌习惯），但我正在逐渐摆脱过去生活中的条条框框。

期望就是你对未来的自己、某个事件或行为抱有的希望、渴望、信念或情感上的预期。期望可能是现实的，也可能是不切实际的。通常情况下，正是那些不切实际的期望给我们带来伤害、痛苦和挫折。至关重要的是，要认清并非所有的期望都是坏事。过高的期望才会让我们措手不及，让我们陷入失败。

当我们怀有期望时，我们通常相信事情将以某种方式发生。但事实却是，事情并不总是按计划进行，或者你期望的可能没有现实的可能性。当我们的期望没有实现时，我们会感到失望，甚至会怀有怨恨。事实上，期望落空的威力不容小觑，它会对我们如何看待自己、周围的人和这个世界都产生负面影响。

案例研究

黛安（Diane）有一个多年未见的老朋友。这位朋友告诉黛安她要来城里为黛安庆祝生日，并已经安排了一个晚上出去玩。黛安很兴奋，以为她的朋友已经为她们选定了好去处。但是当黛安终于见到她的朋友时，朋友却问她："你想玩些什么？"

黛安感到十分沮丧，因为根据朋友的话语，她本以为这一切都已经安排妥当了。这一情况让黛安觉得好像是自己不够好，也并不重要。她感到既失望又生气，还自责自己竟然妄想朋友会为她的生日特地筹划什么活动。

在成长过程中对自己是否可爱感到焦虑和不确定的孩子 =
对自己和他人抱有很高期望的成年人

放下期望，需要你花一些时间与自己相处。这需要诚实和敞开心扉的意愿。虽然每个人达到这一目的的途径可能都不一样，但有一个练习可能是有用的，那就是坐下来呼吸。

有意呼吸反思

找一个不会被打扰的安静空间，然后为自己设定一个合适的计时，时间可以是 5 分钟、10 分钟或更长。即使是片刻的时间，也能产生有意义的效果。

• 找到一个舒服的姿势坐好，然后把注意力集中到呼吸上来。想象海浪轻轻拍打着海岸。让呼吸的节奏与海浪的节奏同步，允许任何想法都随着波浪升起，然后落下。观察每一个想法，然后让它随着潮水优雅地漂去。

• 思考这个问题：此时此刻，我是谁？想想你渴望成为的人。让答案自然浮现，不需要勉强。起初可能很难，你也许只能坚持一分钟，但请继续坚持下去。坚持的时间长短没有关系。改变自我是一个长期的过程，不应该急于求成。

———————————————————

每当你想改变什么的时候，你首先需要承认并正视问题的存在。放下期望的第一步就是要意识到你有这些期望，然后明确这些期望是什么。

自我反思

• 你对自己的期望是什么？

• 你对他人的期望是什么？（如果你愿意的话，写下每个人的名字。）

• 你对生活中的事件、未来的梦想和整个世界的期望是什么？当你得不到这些东西的时候，你是什么感觉？

工具 2：重拾内心的渴望

为了再次勇敢地敞开心扉，我们需要斩断内心的枷锁，即希望他人来验证我们是否足够好的束缚。那些我们真正渴望的与向外展示的东西之间有一座桥梁，那就是对被评判和被发现不足的恐惧；这种恐惧会导致我们感受到被拒绝和自己不够好。

案例研究

沙恩（Shane）从小就觉得自己太敏感了。不仅如此，他还过于负责，一旦遇到任何冲突就会感到挣扎。在和伴侣的关系中，他终于能找到那么一刻，觉得两人相处自在，对方似乎能读懂他的内心。但是，就在他决定放下防备，与伴侣分享那些平时锁在心底的小秘密时，对方却会告诉沙恩自己不想再和他在一起了，因为看不到这段关系的未来。

然后，沙恩会感到非常羞愧和自责。他又一次缩回到了自己的世界，把自己藏起来，把那些"不够格"的痛苦死死地锁在了心底。他告诉自己，他再也不会允许自己在任何人面前变得脆弱，因为他再也不想感受到那种被拒绝的滋味了。

在成长过程中感觉自己太敏感的孩子 =

担心别人怎么看自己、害怕被拒绝的成年人

只有当我们战胜内心的恐惧后，我们才会允许自己脆弱。因为这意味着我们开始信赖自己，真正相信自己已经足够优秀，而无须他人的肯定。虽然我们不能左右他人对我们的态度，但我们清楚，我们能够自我支持，可以表达我们内心的真正渴望。这个过程可能需要我们暂时按下生活的暂停键，进行深刻的自我反思，但我们坚信，我们自己是足够好的。

自我反思

把下面的自我反思问题写在纸上，或者读给自己听。接下来，花点时间认真思考你对每一个问题的答案。你可能需要多次尝试才能了解你真正渴望的是什么。

- 你心里真正渴望的是什么？你向往着什么？

- 你采取了哪些行为方式——哪怕是微不足道的——来满足你的需求？

- 是什么让你感受到爱？

- 是什么阻止你告诉别人你的需求/欲望？

- 如果没有恐惧，你真正希望如何被另一个人爱？爱着你的人通常如何出现在你的生命中？

- 你真正想从别人（无论是家人、朋友还是爱人）那里得到什么？

- 我们都努力想被他人所需要。你希望以何种方式被需要？

- 你担心变得脆弱吗？为什么？是因为担心被拒绝吗？你觉得自己会"太敏感"吗？你从哪里听说你"太敏感"了？

工具 3：和你的恐惧交朋友

恐惧就像房间里的大象。我们都知道它的存在，但选择了忽视它，因为我们担心一旦承认它的存在，将引发未知的后果。

我们每个人与恐惧的关系都不尽相同，但我们不能一直回避它。正如生活中的许多情况一样，最好办法就是与之交朋友。

或许你现在在想，拉丽塔，这是怎么回事？我一辈子都在逃避恐惧，想方设法让自己感到安全，你却要我和恐惧交朋友？没错，这正是我想让你做的。大象或许巨大且可怕，但它就在你的房间里，哪儿都不会去。你可以继续尝试避开它、忽视它，但它依然会在那儿。逃避并非解决之道。

我们在第一步讨论过 HFA 的两面行为以及它是如何影响我们的。我们向世界展示我们认为它想看到的面貌，以让自己感到安全的方式行事，同时却回避我们真正想要的东西以及否认真正的自我。两面行为就是那只大象。当你有 HFA 时，它不仅在你的房间里，而且在你的内心中。

案例研究

乔伊丝（Joyce）有一个朋友，经常打电话向她倾诉感情上的困扰。乔伊丝很难拒绝她朋友的电话，因为她担心这会让朋友不开心。所以，即便这会让乔伊丝无法做自己想做或需要做的事情，她还是会接听电话。出于担忧，乔伊丝让自己随时待命，即便这对她自己不利。

乔伊丝之所以接听电话，是因为她宁愿这样做，也不愿面对房间里的大象——她害怕因为没空而激怒朋友。她害怕不被需要，害怕因为自己不够好或不能随时聊天而失去朋友。但是，如果乔伊丝能够和她的大象"交朋友"，她就会明白，设定一个界限并不会让自己感到内疚。她完全可以不接电话，或者让朋友知道她暂时没空。乔伊丝可以把自己放在第一位。如果她的朋友的确堪称挚友，那她一定会被理解。

习得了在让别人不高兴时感到内疚的**孩子** =
担心让别人失望的**成年人**

与恐惧交朋友似乎是一项不可能完成的任务。然而，当你意识到友谊往往来自理解时，这条路就会变得更加清晰。首先，弄清楚你为何感到恐惧：是害怕被拒绝？还是担心别人对你的看法？还是害怕事情会变糟？把它分解成几个部分。那些恐惧的真正来源是什么？

一旦你理解了自己的恐惧，就选择接受它、拥抱它，而不是逃避它。相信我，一旦你与恐惧成为朋友，你会对自己说："我为什么要逃避呢？"如果你之前从未尝试过与恐惧交朋友，那么这会是一件很有挑战性的事，你甚至会在一开始感到不知所措。然而，你越是尝试，这就会变得越容易。毕竟，恐惧是大脑用来保护我们安全的一种机制。关键是要足够了解恐惧，知道什么时候该倾听，什么时候该远离。一旦你理解了恐惧的来源，你就能找到自己管理恐惧的方法。那头大象最终会成为你的朋友。

自我反思

如果你诚实地面对自己正在回避的恐惧，不妨问自己以下问题：

- 恐惧在告诉你，可能发生的最糟糕的事情会是什么？
- 这种恐惧是如何阻碍你前行的？
- 你觉得你为什么还没有消除这种恐惧？

工具 4：反思那些未竟之言

患有 HFA 的人往往会对他们真正想说的话有所保留，要么是因为害怕别人对他们的看法，要么是因为他们在年轻时就学到，自己的需求／想法不值得分享，因为这些想法／需求很少得到满足。

当然，我们不可能一直都直言不讳，除非我们想得罪所有人。圆滑和礼貌也是有其道理的。我所说的未竟之言是指我们出于某种原因而不敢说出来的话。即使没人知道，正视和认真倾听这些话语也非常重要。承认未竟之言的存在，这样我们才能超越那些阻碍我们前进的恐惧。

当我们谈到恐惧时，我们需要明白它实际上意味着什么。通常，恐惧来源于那些看似真实的假象。假设在你小的时候，你的手被热暖气片烫伤了，那感觉肯定不好受，所以你的身体为了保护你，以避免再次体验那种感觉，就会产生"暖气片 = 要小心"的联想。不管你后来遇到的暖气片是热的、温的还是冷的，那都不重要。你的身体会倾向于认为它们是滚烫的，有能力再次伤害你，进而会让你以一种谨慎的方式来应对。

同样的事情也会发生在我们的情绪上。如果你曾在小时候因为表达自己的想法被嘲笑，或者因为说了些什么却被要求闭嘴，那么你可能会学到表达自己的情绪是不对的，因为这会让别人感到不舒服或者觉得你过分。进而，你会因为不想感受到"羞愧"这种谨慎的情绪，形成一种关于自己以及如何表现和克制自己的信念。羞愧并不是一种好的体验。因此，你会避免说出自己的想法或表现得"太敏感"，将自己的情绪封闭起来，这样你就不会体验到羞耻感。

这就是为什么正视自己的成长经历，理解（而不是责怪）自己经历世界的方式，以及自己对自己、他人和世界形成的信念是如此重要。反思你的未竟之言可以帮助你看清自己是如何为了取悦他人而束缚自己的。当你深入了解这一点时，你会更加清醒地觉察到你日复一日的表现，以及你对周遭世界有多敏感。这里要承认的另一个重要因素是，我们如何学会调节羞耻感。过去，我们学会了隐藏羞耻感，但我们不能对其视而不见。

案例研究

劳拉（Laura）和她的伴侣在一起七年了，他们还有一个孩子。最近，她开始对伴侣感到恼火，经常冲他发火。然而，一旦她发完火，她就会回过头来道歉，并把原因归咎于疲惫。她在回避一个事实，那就是她担心激怒她的伴侣。因为劳拉认为，如果他受够了，可能就会离开她，正如她过去经历过的情况。

因此，即使劳拉真的很生气，她也会咬紧牙关，把生气的话咽回去。她害怕说出自己的想法，害怕表达自己的需求，因为她担心可能要承担的后果。但是，如果劳拉能够重新审视自己，了解到表达自己的真实感受并不意味着伴侣会离开自己，她就会意识到自己有足够的资格说出自己的真实想法。

情感需求没有得到满足的孩子 =
因担心被抛弃而害怕惹恼他人的成年人

这个工具在某种意义上是工具 1 和工具 2 的结合体，因为你需要和自己独处，思考自己最真实的那部分。利用下面的自我反省问题，思考你没有说出来的话以及原因。回顾过去那些你没有发声的经历，并思考背后的原因。如果你担心伤害到别人的感情，问问自己这是否真的与对方有关，还是因为你自己不想让别人难过而感到内疚。

善待自己，尽管这并不容易。让所有没说出口的话像泡泡一样浮出心头，然后把它们写下来或对自己说出来。反思这些话对你意味着什么、它们从何而来，以及为什么你会因为恐惧而没有将它们说出来。

自我反思

• 你想对这个世界说些什么？或者对某个特定的人说些什么？

• 关于你自己，你在隐瞒什么？为什么要隐瞒？

• 是什么让你感到害怕？

工具 5：不要抗拒被拒绝

面对现实吧，没有人喜欢被拒绝。被拒绝的感觉无疑是非常痛苦的。我还记得自己在成长过程中是如何尽量避免被拒绝的，因为被拒绝会让我觉得自己有很大的问题。当你患有 HFA 时，被拒绝可能会让你觉得自己不够好，但这正是我们需要改变的地方。仅仅因为有人可能不同意我们的观点，并不意味着我们不够好。

因为恐惧而掩盖真实的自我，为了避免被拒绝而变成你认为别人需要的人，这种做法从长远来看是行不通的。你最终会在这个过程中迷失自己，仅仅因为你不想被拒绝！我们需要重新定义"脆弱"，学会以不同的视角来看待它，并设法搞明白我们在日常生活中如何驾驭自己的敏感性。在下一步中，我们将更深入地探讨这一点。

我把被拒绝看作一场内心的斗争。你认为自己不够好，担心别人也会这样看你，所以你避免置身于可能被拒绝的境地。然而，你真正回避的其实是你自己以及你真正渴望的东西。这么一想，可真是令人难以置信！

在这一步的开头，我分享了我和一位来访者之间的一段对话。虽然来访者最初以为自己担心的是即将到来的报告，但事实证明，真正让他担心的是被同伴拒绝。帮助人们看清这一点，能够让他们重塑自己的感受，更加自信地去面对，而不会因为恐惧而退缩。

案例研究

西姆兰（Simran）正在努力找工作。他已经向八家不同的公司申请了职位，但迄今为止都没有回音。他的一些同样在找工作的朋友已经参加了面试，正在等待结果。西姆兰感觉自己很失败，不知道自己出了什么问题，为什么他申请的公司一个回音都没有。

西姆兰觉得这是因为那些公司都不喜欢他，他感到被拒绝了。然而，实际上西姆兰没有收到回音的原因可能有很多。但是，他对自己的看法过于局限，让他认定这一切都是自己的错，因为他相信自己不够好。

总是被批评的孩子 = 与他人比较、觉得自己不够好的**成年人**

罗马皇帝和哲学家马库斯·奥勒留（Marcus Aurelius）有一句名言："道路中的阻碍将成为道路。"他的意思是，我们有能力适应挡在我们面前的障碍，并开辟一条新道路。我们可以选择如何回应。拒绝就是这样一种障碍。如果我们把它分解一下，就会发现拒绝＝重新定向。当我们害怕被拒绝时，我们就会束缚自己。我们无法前进，无法成为真正的自己，也无法越过障碍。我们唯一能做的，只是原地打转。

那么，请扪心自问：如果我被拒绝了，最糟糕的情况会是什么？这感觉肯定不会太好，因为被拒绝从来都不是什么好事。但你可以选择接受这种拒绝，并利用这次拒绝，让自己向前迈进，走上一条不同的道路。你可以继续前进。仅仅因为在这条路上遇到障碍，并不意味着我们就得停下脚步。我们只是需要选择另一条路而已。

自我反思

·回想一下你是否有过感到被他人忽视的经历。针对这一情境，你是否可以尝试重新解读，将自身的情感与事实分离？

·是不是有些事情你仅仅因为害怕被拒绝就避免去做？

·如果是的话，你能以不同的方式来处理它吗？或者，你还有其他的路可以选择吗？

工具6：通过探索你的过去来发现诱因

当我们隔离了自己与那些源自照料者未能满足我们需求而产生的早期愤怒，我们也疏远或切断了与自己的内心能量和力量的链接。为了寻求安全感，我们采取了一系列行为取而代之，然而这些行为实际上只是在束缚我们。我们陷入了羞耻和恐惧的情绪之中，而无法表达真实的自我。我们过去的经历触发了现在的行为。

回溯我们的童年经历，通过日常的"触发点"（trigger）学会理解我们的模式，挖掘被埋藏的愤怒。然而，愤怒是一种次生情绪，其根源在于更深层的创伤、悲伤和痛苦，从而链接到我们一直压抑的能量，让我们更深入那些被深埋的情绪。这是治愈过程中至关重要的一部分。有研究表明，这些未释放的情绪可能会表现为躯体疾病。

当我们处理了愤怒和痛苦之后，这种链接释放了被压抑的能量，将其重新整合到我们的心灵中。我们会感到更加完整、更有活力、更紧密相连和脚踏实地。我们还能更深入地挖掘，重新拾起我们同样隐藏起来的、未能表达的积极特质。通过回溯过去，唤醒我们的认知，我们将有机会重新发现以前被否定的部分自我。

假设过去有人欺骗了你或和你分手了。当你进入另一段恋情时，你会对承诺产生恐惧。这种恐惧之下，是来自上一段关系的伤害和痛苦，尤其是在上一段感情难以"释怀"的情况下。这可能会触发我们的自我破坏行为，阻止你去建立有意义的关系。就像被暖气片烫伤一样，你在过去感受到了伤害和痛苦，所以现在你会回避新的承诺（就像回避暖气片一样），因为你不想再有那种感觉。

心碎的**孩子** = 害怕承诺的**成年人**

如果你感觉自己和朋友们格格不入，或者你过去被一个朋友背叛过，这也会引起同样的感觉，即感觉自己不够好，触发如疏远他人以保护自身安全（或你自认为的安全）的行为。

通过完成本书的前面几步，你已经开始探索你的过去。或许你发现了那些塑造了你的事件，或者认识到了那些阻碍你前进的自我破坏的行为模式。这是需要持续进行的工作。

确定触发因素

回顾一段过去的关系，无论是友情、事业上的关系还是爱情，并问自己：我为什么会那样做？我为什么选择那样行动？花点时间与这些答案相处，看看你是否能找出是什么触发了你的行为和反应。不要自责，只需与这种新的理解相处。如果需要，把你的答案写下来。

我们挖掘得越深，就越了解自己；了解得越多，就越能理解我们为什么会有这样的行为 / 感觉。自我意识的提高使我们能够为自己做出积极的选择，管理我们的内疚和羞耻感，并释放一直以来阻碍我们的恐惧。

自我反思

- 你是否注意到了自己与他人相处的模式？
- 你是否对过去的一些事情耿耿于怀，需要放下？
- 你是否因为恐惧而放弃过什么？

工具 7：打破陈规

正如我在本书前面所解释的，我们根据童年经历形成了关于自己是什么样的人、生活中应该期待什么，以及如何与他人相处的信念。这些信念成为我们生活的"规则"。比如，如果我们在成长过程中经历了某种不幸、痛苦或困难，它可能会留下情感上的创伤，让我们认为自己不值得被爱。这可能意味着我们会因为自己的生活规则而在与他人相处时无意识地尽量不占据空间。我们相信自己是"不可爱的"，我们对每一次互动都是通过这样的视角来看待的。

正如了解恐惧有助于我们克服恐惧一样，了解我们的行为模式和我们创造的规则有利于我们打破它们。我们在过去的创伤中循环往复，创造了旨在帮助我们获得安全感的行为模式，却注定要重温过去的悲伤、无价值感和愤怒。

只有当我们将这些模式和规则暴露在光线之下，我们才能改变它们，从而摆脱束缚。了解我们的行为的根本原因及其对个体的影响机制，会让我们进入一个直观洞察的空间。在这里，我们可以更客观地审视我们的模式和规则，并更好地理解它们的形成过程。这是梳理我们的生活规则并获得自由的第一步。

案例研究

塔玛拉（Tamara）正在和一位朋友共进晚餐，朋友倾诉着自己这一周有多忙，有多迫不及待地想回家换上睡衣睡觉。当服务员端着餐盘过来，问她们要不要甜点时，因为朋友提到自己很累并想回家，塔玛拉不想占用朋友太多时间，所以她拒绝了甜点。尽管实际上，她整天都在期待在最喜欢的餐厅享受一份甜点，而且接下来几个月她都没有机会再回到那里。

塔玛拉为什么要拒绝自己真正想要的东西呢？因为她不想"显得"占用了空间和时间，更愿意让朋友来做决定。塔玛拉受制于"希望被人喜欢"和"不想让朋友不高兴"的规则。她本可以开门见山地说："我知道你提到你想要去睡觉，但你对甜点怎么看呢？我这一整天都在想着这一口呢。"但她选择了拒绝自己。

接受有条件的爱的**孩子** =

担心如果自己占了空间就会被拒绝的**成年人**

在第一步，我们探讨了 HFA 如何通过不同类型的行为表现出来。在第二步，我们更深入地挖掘了我们的早期生活。因此，到目前为止，你应该对你的行为模式及其来源有了一定的了解。如果你还没有达到这个阶段，请回顾这些步骤，花点时间去找出根本原因。

一旦你洞察到了自己的行为模式，就应该开始有意识地挣脱它们的束缚。这个过程并非一朝一夕能成，你可能会失败几次。你或许还需要他人的援手。然而，最关键的是持之以恒，不断努力去理解。利用日记来记录你的进展可能十分有益，它不仅能记录你经历的挫折，也能见证你的成功和你已经走过的道路。

自我反思

想象你生活在一个盒子里。

- 这个盒子的规则是什么？

- 你每天是如何在这个盒子中展现自己的？

- 你在别人面前会如何表现？在自己面前又是如何？

- 你的人生三大原则是什么，你认为这些规则是如何限制你，又是如何使你成长的？

工具 8：划定边界

本质上来说，划定边界就是对于我们生活中能够接受与无法接受的事情做出选择。需要特别注意的是，边界的划定只对我们自己有效——这是我们个人的选择，不能用来试图控制他人的行为。我们的反应，即那道界限。

同样重要的是，我们是基于我们自身的价值感划定边界的。如果我们的自我价值感很低（就像许多 HFA 患者那样），或者我们需要从他人那里获得自我价值，那么我们的界限就会反映出这一点。我们可能会忍受一些通常无法容忍的事情，仅仅是为了感觉自己足够好。然而，随着我们更多地学会自尊，与自己建立起更好的关系，我们的界限会随之改变，变得更稳固。

当我们在亲密关系中摆脱不健康的依恋方式时，我们也在学习如何划定新的界限。我们不再迷失于变得足够好的渴望中，或者试图成为我们认为对方希望我们成为的人。我们不再接受残羹冷炙，相反，我们渴望拥有属于自己的一块蛋糕。

例如，在一段亲密关系中，你可能会不顾自己的意愿，一味地顺从伴侣的要求。原因很简单，你不想惹对方生气或被拒绝；或者你可能认为自己的需求不值得被满足。

在成长过程中觉得自己"太敏感"的孩子 =
害怕说心里话的成年人，因为他们担心会导致伴侣生气和离开

但当你摆脱了这种模式，你就会表现得不一样。你不再担心自己是否足够好，也不再担心被拒绝。相反，你会跟着感觉走，关注如何沟通，从而在未来构建更健康的关系。这适用于各种关系，并不仅限于亲密关系。

自我反思

回顾一段生活中的重要关系，无论是爱情、友情或者事业上的关系。请客观地审视它。然后问自己下面这些问题。不仅要探索对方的行为，还要探索自己的行为。要诚实。我以前曾推荐把答案写下来，我认为这确实能让事情更清晰。但是，只要你坐下来，提出这些问题，就会引导你了解事情的真相。

- 在这段关系中，你是否感觉双方的需求都被平等对待？
- 你能否向对方真实地表达你的感受？
- 你设立了哪些边界？有哪些边界是你希望改变或建立的？
- 这段关系中最让你担忧的是什么？
- 你从以往的关系中带来了哪些模式？
- 关于这段关系，你有什么想要改变的吗？

工具9：承认自己的价值

不要为了让周围的人觉得你"足够好"而故意遮蔽自己的光芒。你不能指望每个人都理解你或与你产生共鸣。承认这一点会改变你的行事方式。你没必要把别人的行为/态度当作是针对你个人的。

这是你挖掘内在力量，主宰自己人生的大好时机。这能让你从内心深处感到踏实稳固。试想一下，如果你去推倒一棵树（并不是说你会这么做，但请听我说），结果发现无论怎么推都推不动，那是因为它的根深深地扎在土壤里——你也可以像这棵树一样强壮！利用这个工具和其他工具来发掘你的内在力量和独立意识，将帮助你获得新的方向感或目标感。

正如我之前提到的，哪怕它们已经不再适合我们，放下那些熟悉的结构和生活方式也可能相当困难。但这些结构正是让你藏身阴影的罪魁祸首。现在是时候绽放你自己的光芒，承认真正的自己了。你能提供的远不止这些，所以不要再退缩，放手去做吧。

案例研究

罗希特（Rohit）和朋友出门，常常主动提出开车。有时候罗希特也会让朋友们来开，可他们总是回头要求他来开。为了不让朋友们不高兴，罗希特也就同意了。

罗希特开车带朋友们兜风一整天后，总会感到很累。而且，朋友们总是聊一些他不感兴趣的话题。即使这样，罗希特还是尽量参与其中，因为他不想被冷落或排斥在外。然而，仅仅是因为担心让朋友不高兴，罗希特没有表达出他对自己总是当司机的真实感受，也没有谈论他真正喜欢的话题。他正慢慢地遮蔽自己

的光芒。他没有认识到自己的价值。

接受有条件的爱的孩子 =

为了适应环境并感觉自己足够好而遮蔽自己的光芒的成年人

我要告诉你，你已经足够好了。你的内心拥有你所需要的一切。过去不再是你的桎梏。请花点时间与自己相处。面对镜子或闭上眼睛，告诉自己："我足够好。我有能力。我有价值。我选择让我的光芒闪耀。"提醒自己已经达成的所有成就。你不必再隐藏。

自我反思

• 你有没有觉得自己在某些时候束缚了自己？

• 你在哪里感觉自己的光芒变得黯淡？有没有特定的人，在他面前你总是这样？如果有，你觉得是什么原因导致你有这样的行为？

• 是什么让你担心别人对你的看法？

• 别人对你最糟糕的评价会是什么？为什么这对你来说很重要？

工具 10：忠于自己

我们只有开始对自己真诚以待，才能踏上改变之旅。我指的是那种真正的、由衷的诚实。这件事和别人无关，只关乎你自己。这样的转变只能由你亲自完成。正如我之前解释的，有时这可能会是一个艰难的过程，因为此类自我剖析或许会使你曾经试图掩饰的深层次问题再度浮现。然而，只有直面这些问题，不再将它们隐藏起来，你才能真正获得解脱。但要做到这一点，需要你坦诚面对，不再逃避。

患有 HFA 的我们，通常成长于低自尊和希望取悦他人的环境。我们几乎已经忘记了如何真诚地面对自己。但如果我们重新做回那只等待破茧而出的蝴蝶，就会明了这段深刻而诚实的自省期对于成就更好的自己而言是多么必要。这是一个和过去的创伤以及当前的模式和解的机会。尽管承认自己的不完美是一件困难的事情，但我们必须意识到没有人是完美的。承认这一点，能让我们再次感受到曾被我们早期的经历所摧毁的自己的力量和信念。

案例研究

姗姆（Sam）多年来一直随波逐流，从不为自己做选择。现在，她必须决定自己想去哪里，想做什么和喜欢什么。面对这些选择，她感到不知所措，因为她不知道自己想要什么。但这没关系。想象一下，这就像和某人约会并逐渐了解他们一样。你不可能一开始就什么都知道，当你开始了解这个新的自己时也是一样。人生旅途的一部分就是要有耐心，并一路学习。我们不需要把一切都想清楚。

觉得自己无法表达需求的孩子 =

成年后在自己的需求面前感到不知所措，

无法为自己发声的成年人

本阶段中的每一个工具都是对自我真诚的一种锤炼。因此，如果你已经完成了工具 1 到 9，那么你已经挖掘得相当深了。现在的关键是要继续保持。在你与人交往时、在你向这个世界展示自己时、在你对自己说话时都要保持真诚。摒弃那些出于安全感的谎言，比如"我不够好""我的感受不重要""如果我不那样做会更好"。它们只会阻碍你前进。

自我反思心情板

是时候发挥创意，制作一块心情板了。在一张卡片或纸的中央写上你的名字，然后在周围添加更多你认为能代表你的文字和图片（你可以从杂志上剪下图片，如果是制作电子版的，也可以添加网络图片）。

现在想象一下，你要把这块心情板展示给别人。至关重要的是，你要向他们展示你是如何看待自己的。一开始你可能会觉得这很困难，尤其是如果你以前从未真正谈论过自己的话。但你猜怎么着？是时候感受恐惧了，无论如何都要表现出你自己。

就这样，你现在有了一个工具包，帮助你迈出学会放手、选择诚实、建立健康界限、感觉自己足够好的第一步。

第三步总结

请花点时间为自己完成了第三步而庆祝。如果你已经完成了自我反省问题的学习，那么你就已经面对了自己的阴影，这并不是一件容易的事情。然而，这一步对于你整合自己的两面性，过上没有恐惧、没有限制性规则和没有自我怀疑的生活是非常重要的。是时候让束缚你的旧结构消失，为新事物腾出空间了。

现在，学习之旅仍在继续。在第四步中，我们将继续与全新的你一起努力。如果你像我的许多来访者一样，还不太确定全新的自己是什么样的，那也没有关系。不用急，慢慢来。安心待在茧中，直至破茧成蝶。我们的旅程仍在进行中。你准备好迎接光明，展翅高飞了吗？

第四步 »
拥抱你的敏感，重建自我信任

在第一至第三步中，我们讨论了童年如何塑造我们的性格，以及患有 HFA 的人往往高度敏感这一事实。在第四步，我想进一步阐述"高度敏感"的含义。

高度敏感的个体倾向于对事物持有更为深切的感知，不论这些体验是积极向上的还是负面沉重的。虽然当情绪处于高峰时这种感知能力可能让人欣喜若狂，但情绪处于低谷时它也可能对我们的心理压力、人际交往及适应能力构成显著影响。作为 HFA 患者，我们早已学会隐藏高度敏感的一面，因为我们认为它"过于敏感"。然而事实上，正是这一部分赋予了我们敏感的智慧。也正是这种智慧，帮助我们探索更深厚、更有意义的人际关系。

对我来说，当我明白这一点时，一切都改变了。我终于能够不再活在自己的头脑里，不再用自我编织的故事来填补空白。

我不再逃避我的敏感性，转而去拥抱我真正感受到的事物。这就是为什么旅程的下一步是拥抱你的敏感性。

给敏感一些空间

让我们来分析一下敏感的含义。从根本上讲，敏感性是我们通过感官与外界相连的能力，也是每个人都会经历的事。如果我们比较敏感，或者说高度敏感，那可能是因为我们更加注意其他人，能够察觉到微妙的变化，比如说话的语调或肢体语言的变化。

然而，当我们不了解自己的敏感性时，经常会发生的情况是，我们戴上了"有色眼镜"，认为别人的变化是因为我们做错了什么。**别人的变化 = 我做错了什么。**这是我们需要改变的等式。

在第二步中，我谈到了自己的感受——认为家人无法为我提供一个安全的空间，因此我选择让自己变得更加渺小；而在第三步，我们更深入地探讨了童年的经历，揭开层层面纱，暴露我们敏感的内核，以及我们为了保护自己而产生的恐惧。了解和理解这一切为我们坚强面对挑战提供了所需的工具。在敏感的脆弱性中蕴藏着超越羞耻的力量，它能将怀疑的低语转化为赋权的交响乐。

在第四步中，我们将学习如何拥抱我们的敏感，并给予它存在的空间。不再将它闭锁起来，而是让它从阴影中缓缓走向光明。这可能会有点痛，毕竟这一切对你而言尚显生涩且充满未知，但不适感只是暂时的。你理应享有这一切，尤其是在经历了多年的焦虑、内疚和羞愧之后，你现在正在学习释放。

你将学会信任自己，而不是退缩到不确定和恐惧之中。你会倾听自己的敏感试图告诉你什么，而不是听信恐惧编造的故事。这是你站在光明中的时刻，不要让持续的恐惧蒙蔽你。恐惧不再手握方向盘，现在方向盘的主人是你。恐惧仍然是乘客，你可以选择倾听，但你才是驾驶者。

敞开心扉，拥抱你的敏感，因为它是开启共鸣的钥匙。

超越羞耻感，你就会发现自己的力量，让自己毫无保留地绽放光芒，展现出你本应成为的那个充满活力的人。这里的第一条规则是：不要把你在别人身上看到的变化个人化。无论别人身上发生了什么事，那都是他们的旅程和道路。而你的反应属于你自己。切断情感的纽带。顺其自然。我们的任务是观察和留出空间——在这个空间里，你可以接受反馈，并以批判的眼光看待它，而不是把它放在心上。在这个空间里，反馈能为你提供一些东西，同时你也能识别出哪些反馈其实与你无关。

留出空间需要我们对自己温柔一些，接受我们是人类的事实，并培养对自己负责和承担责任的能力。它还要求我们重新振作起来，不让我们的价值观被我们为填补空白而编织的故事所定义。

你没有任何问题

我要大声地告诉所有人：**你没有任何问题。你已经足够好了！**我曾多次提到，那些被诊断为 HFA 的患者来访时经常感觉有些不对劲，但他们又不知道是哪儿不对劲。以这种方式生活实在是太可悲了——你的一举一动或与他人的互动都伴随着深深的忧虑，害怕自己做得不对，或担心别人会怎么看自己。当你总是有一根担忧的绳索与他人连接，你怎能"做自己"呢？因此，患有 HFA 的人很难相信自己。

对于高度敏感的人，比如我们这些患有 HFA 的人来说，当别人没有满足我们的需求时，我们的第一反应往往是我们有什么不对，或者我们做错了什么。我们会下意识觉得自己在某些方面有所欠缺，而这恰恰是内心深处自我观感的向外映射。

这就好比我们内心深处的信念透出光芒，映射到了外部世界中。这样一来，就形成了我之前描述过的 HFA 行为——我们绞尽脑汁，拼命试图满足自己那个想要满足他人的需求。其实，我们根本无法掌控他人对我们需求的回应。

我们必须做的是重塑这种思维方式，解开心结。与其条件反射式地问自己"我哪里出了问题？"，不如有意识地改变自己的想法，去理解情境中究竟发生了什么，对自身反应背后的原因保持好奇。

这不是一朝一夕能够实现的，这需要时间。而且有一些时刻，你会发现自己又陷入了"我哪里出了问题？"的旧思维模式中。当这种情况发生时，不要对自己太苛刻；这都是过程的一部分。而现在你已经拥有了自我觉察和合适的工具，能够重新站起来，换个角度思考问题。

为敏感导航

在我长大的过程中，我学到了一件事，那就是我需要关闭我敏感的开关，因为我不知道怎样倾听它。我试图把它封闭起来，结果这变成了我与我的敏感之间的一场战斗。我觉得感受和表现自己的情绪是一种软弱，所以我假装它们不存在。但是，我又觉得自己的内心与外界脱节。

例如，当我心烦意乱的时候，我学会了隐藏自己的情绪，因为我害怕会被拒绝或被评判。毕竟，在我的家庭里，展现不快并不是常态。我因为害怕自己而变得脆弱，所以在这些感受的促使下，我形成了这样一条规则，一种临时的应对方式。而当我回顾那个筑起高墙的自己时，我对她充满了同情。我理解她在有限的工具和认知下所做的事情——她找到了一种生存的方式。我所追求的，不过是被爱和被关怀。但我也需要人们的接纳，这样我才会觉得自己足够好。这就意味着我一直在观察人们对我的反应，而这些反应随后变成了我持续到成年的行为模式。

让我给你举一个我高度敏感的例子。有一次，我和一个朋友聊起她最近在做什么，我们都很投入。但当话题转到我近来的情况时，她拿出了手机，说需要查点儿东西。我把这解读为"她对我说的话不感兴趣"，于是我就不再谈论我自己的事情，而是把话题又拉回到她身上。

这次互动证实了我的核心理念，即"我不重要，不足以占用空间"或"人们不关心我"。这进一步强化了我认为自己不够好的观点。因为朋友拿起手机变得"没空"，我就不得不调整自己的行为——你能看出我是如何陷入这样一个境地的吗？然而，问题的关键在于，我们有很多方法来处理人际关系，而不必封闭自己或遮蔽自己的光芒。

我的改变之旅始于倾听自己的经历，而不是在脑海中做出反应和得出草率的结论。我对自己的感受和想法充满好奇。我乐于了解自己，而不是责备自己。我要告诉你们的是，对自己保持耐心是多么重要。我感到沮丧的是，尽管我有了这些新的理解，但有时还是会掉进"绝望的兔子洞"（即便这样也解锁了学习和同理心的另一个层次）。

今天，我不再假设自己哪里出了问题，而是静下心来体验，并问自己为什么会有这种感觉。回想和朋友的那个例子，我现在会这样说："我真的很想继续谈论我自己，但我注意到你拿出了手机，这让我分心了。我看得出这也让你分心了。你是否需要一些时间来处理一下，然后再继续我们的谈话？"

当然，其他人在类似情况下会说什么，取决于他们与这位朋友的关系以及他们的其他经历。但问题的关键是，我们掌握着主动权，我们可以利用我们的敏感性来帮助和指导我们驾驭它。我们可以做出选择，摆脱我们的默认反应。在大多数情况下，我们会找到一种方法来引导和发展我们渴望的更深层次的联系。

爬出绝望的兔子洞

下面是另一个例子，来说明我们如何才能更好地应对伴随 HFA 的高敏感性。想象你正在和一个朋友聊天，但他们似乎没有像往常那样与你互动。

• **默认的敏感反应：** 你的朋友不喜欢你——你说得太多了，你正在失去他们。你分享得太多，他们觉得你很蠢。

• **现实：** 你的朋友宿醉未醒，虽然他们很爱你，但他们没有精力和你聊天。

• **答案：** 与其立即跳转到高度敏感的默认解读，不如倾听你的敏感性告诉你的信息。问问你的朋友是否还好，而不是苛刻自己。

在黑暗的深渊中，我们找到了爬出"绝望的洞穴"的力量，迎来了希望和韧性的曙光。当然，利用我们的敏感性作为指引说起来容易做起来难，就像任何事情一样，我们需要练习才能适应将其融入我们的生活。

每当你跌入"绝望的兔子洞"时，我希望你能留意你在这时对待自己的方式及对自己说的话，因为这里还藏着成长的另一层含义。记住，没有人是完美的——你是个平凡的人，多年来对自己抱有过高的期望。所以很自然地，当事情没有完全按照计划进行时，你可能会重新落入那种认为自己有问题的思维。但是，你可以选择继续往下走，或者选择另一条路。

每当这种情况发生时，在你意识到发生了什么事之前，你可能会减少陷入绝望的程度。这就是你的成长。

成长并不总是来自行动；它也可以来自你对现状的觉察，以及你对自己实际经历之事的理解。

有时，你仍然会误读情境，或陷入旧有的反应，沿着兔子洞一路前行，这都是过程的一部分。在与生活的挑战共舞时，我们可以选择从兔子洞的边缘后退，拥抱觉知以挣脱兔子洞的控制，开辟一条通往韧性和成长的新路径。在绝望编织的罗网中，让勇气指引你挣脱束缚，发现等待你的光芒。

我们再来看一个例子。假设有一天你下班回家，你的伴侣没有给你一个拥抱。一瞬间，你的大脑开始超速运转，想着："我做错了什么吗？他最近一直很沉默。也许他不再爱我了。"

这就是迈向"绝望的兔子洞"的第一步，越往深处走，我们就会发现有越多的故事要讲给自己听："我一定是在谈论我的工作时惹恼了他。如果他离开我，我就得搬回父母家。我知道我做得不够好——我应该多做一些……"

出于这些想法，我们最终可能会为保护自己而开始回避或疏远伴侣。但是你是否能意识到这些场景完全是臆想出来的？我们敏感地察觉到了伴侣似乎有些不对劲，但我们没有去问他们："嘿，今天你没有给我一个拥抱。一切都还好吗？"反而选择退回到旧有的模式，沉浸在自己的想象中，让情况变得更糟。

然而，即便你已经掉进兔子洞一半了，你依旧有能力自己爬出来。你所需要做的就是有意识地对自己说："等一下，这或许跟我无关。"不要让你的敏感性引导你做出过激的反应，要意识到它实际上是在帮你认识到某些事情不对劲，然后选择去沟通并解决问题。

HFA 和健康边界

就像篱笆能保护安全一样，设定牢固的个人边界将保护你，隔绝那些对你无益的能量。然而，重要的是要记住，边界不是你可以强加于他人的东西。边界是你对周围的个人反应，是你决定自己在生活中能容忍什么和不能容忍什么。是时候学会把自己放在第一位，且不会因此觉得自私了。只有你可以决定你的边界是什么，而且随着你不断成长，这些边界也是可以改变的。边界就像一块肌肉——你用得越多，它就会变得越强壮。

过去，我曾因为恐惧而试图紧抓那些并不适合我的事物。但现在我知道，在必要时放下并继续前行是至关重要的。当然，我仍然会在脑海深处闪过"万一那些事物很重要呢"的念头，但这并不会驱使我更紧紧地抓住它们不放。当我意识到自己想这么做时，我会静心反思以理清思绪。由于我会花时间去了解我的需求，然后再做出回应，我的边界因此变得更加牢固。

在人生的潮起潮落中，设定界限有助于我们为自我照顾和有意义的链接打下坚实的基础。

在第一步中，我们探讨了七种不同类型的 HFA 两面行为。对于每一种，我都分享了一个名为"萨拉"的来访者的案例。我们还可以利用这些信息和案例研究来探讨如何设定健康的边界——一旦我们认识到某种行为模式，就可以设定边界来改变它。

HFA 行为类型 1

• 过度负责的人 vs. 无所不能的人

我的来访者萨拉正在工作的重担下苦苦挣扎。然而，分析表明，其中大部分工作是她为别人做的事，她因为对说"不"感到内疚而承担了这些事务。这其中甚至包括在同事休病假期间承担他的全部工作，让萨拉感到筋疲力尽。她这样做是因为她想让别人觉得她是一个"无所不能"的人，同时也想让别人感到满意。

边界

这里要谈到的是"不"这个字。奇怪的是，这么简单一个字，对很多人来说却如此难以启齿。我们担心别人的感受，却没有停下来考虑自己的感受。我们常常因为不想被评判为能力不足，或是担心让别人失望，而选择说"是"。因此，即使我们不应该同意，即使我们的工作已经堆积如山，我们还是同意做这些不该由我们做的事，仅仅是因为我们不想在任何方面被视为"不够好"。

我经常举一个例子来说明这一点。你不会把家门大敞着让任何人都能进来，那你为什么要在现实世界中允许别人侵占你的时间和空间呢？说"不"是你能做的最有力的事情之一。它设立了一道坚固的界限，并让你能够表达对某种情况的真实感受。所有这些含义都寄寓在一个单音节词中。挺强大的，对吧？

设置边界

在你日常的互动中尝试使用"不"这个字吧。当有人要求你去做那些超出你能力范围或并非你的责任的事情时，使用它是很重要的。刚开始可能会感觉有点别扭，但你会越来越熟练。一开始，负罪感可能会让你难以承受，但请安于自己的感受，让情绪流淌。你可以做到这一点。

HFA 行为类型 2
● 掌控者 vs. 高成就者

萨拉在工作中被视为一位领导者和高成就者。但实际上，她凡事都想得太多，这不仅导致了焦虑，也让她难以保持健康的工作生活平衡。为了满足外界的期望，她几乎不停地工作，花时间思考所有可能发生的情况，以至于这影响了她的生活品质。

边界

我们经常听到划定工作与生活界限很重要，但如何做到这一点却并不总是很清楚，尤其是在这个 24 小时随需应变的数字世界里。工作与生活的边界可以包括以下内容：每天设定一个

时间段，在这个时间段之外不查看工作邮件或回复电话（通过自动回复和回复信息的方式让客户 / 同事知道）；尽可能遵守工作时间；每周留出特定时间用于休闲活动。

设置边界

如果你容易过度思考，那么给自己预留一个时间段（没错，我是说把它安排在你的日程表上），设定一个时间来思考当前的问题。然后，每当这个问题出现在你的脑海中时，告诉自己，我会在（预留的时间）思考这个问题。根据需要重复这个过程。到了预留的时间，花 10 分钟（或你选择的其他时长）来处理这个问题，之后，把这个问题放下。

HFA 行为类型 3
● 完美主义者 vs. 努力工作者

萨拉对自己的期望极高，一旦达不到，她就会在心里严厉地自责。她第一次来接受心理治疗时告诉我，她希望"被修复"，因为她觉得自己不够成功。

完美主义是 HFA 的一部分，因为它关乎我们希望如何在他人面前展现自己——本质上，这是一种取悦他人的行为。正如我们在第二步中讨论的，这是我们小时候为了保护自己学会的一种行为。但是，只为追求感觉良好而终其一生关注他人的反应是不现实的。你最终会为他人而活，为你对他人想法的看法而活。在这个过程中，你会与真实的自己越走越远。

边界

你需要给自己设定"善待自己"这个边界，并有意识地去执行。完美主义者对自己非常苛刻，他们对自己有很高的期望，不想被视为失败者。因此，他们觉得有必要控制自己生活的方方面面。但这根本不现实，也不利于维系心理健康。因此，你需要设定的边界是善待自己。

接受自己有时会失败，会发生一些自己无法控制的事情。当这些事情发生时，要善待自己。留意自己在事情失控时是如何对自己说话的，因为这将是你学习的机会。

到目前为止，你已经尽你所能，用你所拥有的工具做到了最好。现在你有了新工具，你可能不知道如何像使用旧工具那样轻松地使用它们，但我保证它们会对你有帮助。它们还将帮助你庆祝你已经取得的成就，而不是纠结于你尚未达到的目标。要关注你的杯子里已经有的，而不是专注于如何去填满它。

设置边界

如果你患有 HFA，很可能现在就有一些事情让你不开心，让你想得太多。也许你没有如愿升职，也许你尽了最大努力还是让别人失望，也许你没有时间完成所有的工作，因为你对自己的要求太高了。

也许你的外表并不是你想要的样子。或者，你把自己和那些看起来生活井井有条的人相比较，并批评自己不如他们。

停下来！与其为此自责，不如试试这个方法。把手放在心口的位置，感受它的跳动，然后充满同情地对自己说，这没关系。并且要认真地这样认为。提醒自己，你的人生经历以及你为了取得现在的成就而经历的一切。

你可能没有得到晋升，但你已经足够优秀，也是晋升候选人。你的头发可能看起来不像网上的某些人展示的那样浓密柔顺，但你有一个迷人的微笑。请记住，生活总是给我们制造麻烦，重要的是我们如何应对这些麻烦。这就像是一个正在流水的水龙头，如果我们试图抓住水，就会因为抓不住而感到沮丧。在生活中，我们也不能总是抓住我们想要的东西不放。不如放下它们。

HFA 行为类型 4
• 过度担忧者 vs. 镇定自若者

虽然萨拉表面上看起来成功且很有主见，但她告诉我，她感觉自己的大脑"一直在转"：总是担心别人怎么看她，或者在任何情况下可能会发生什么。这种持续的担忧，像 HFA 的许多其他方面一样，源自恐惧以及焦虑的大脑不断提出"如果……会怎样？"的问题。然后，这种焦虑会像滚雪球一样越滚越大，让我们感到精疲力竭、不知所措，无法控制自己的想法。

边界

要摆脱这种入侵性想法（intrusive thoughts）的模式可能有些困难，有时候需要外部帮助才能做到。然而，虽然你无法控制大脑产生的想法，但你可以控制你给予这些想法多少关注。随着我们在觉察能力和对自己行为模式的理解方面不断成长，我们更容易注意到那些想法试图破坏我们的时刻。

设定一个界限，减少对自己想法的关注。一开始，这可能看起来很难甚至让人感到不知所措，但随着练习的深入，它会变得越来越容易。就像你曾教会自己以某种方式思考一样，你也可以再次做到。

设置边界

这个练习和针对 HFA 行为类型 1 的练习类似，都涉及说"不"。只是这一次你需要在心里而不是现实世界中说"不"。

147

练习说"不"，并且它确实意味着拒绝。想象自己摇头，或关上门，或是任何对你有效的画面。反复练习，直到这成为你的自然反应。然后，下次当你开始陷入担忧的想法漩涡时，就像你练习的那样，告诉自己"不"，然后看看会发生什么。

在我的工作中，我经常引用动画片《头脑特工队》（*Inside Out*）中的一个情节来设定边界（如果你还没看过，建议抽空去看一看，因为里面有很多震撼人心的场景）。影片的主角经历了不同的情绪，每种情绪都以一个角色的形式出现。其中一个"情绪"角色是恐惧，它总是在寻找最糟糕的情况。

你可以尝试为你的恐惧创造一个角色。然后，当恐惧浮现时，你可以充满同情地提醒它，一切都还好。这是自我安慰和自我调节情绪的一部分。将我们的恐惧外化是有帮助的。这样一来，恐惧就不会与我们的想法纠缠在一起，而是可以被分解、更容易处理和控制的。你甚至可以尝试将其写下来：分成两栏，一栏是你的恐惧，另一栏是你的同情心，然后从这两个方面和自己对话。

HFA 行为类型 5

• 恐惧者 vs. 成功者

萨拉总是在事情出错时责怪自己。她建立了一个记录自己所有失败经历的头脑档案，并不时地取出来审视，就像在看有瑕疵的宝石一样。她会对自己感到不满和生气，并会花时间去思考所有自己原本可以采取什么不同的行动来改变结果，即使那已经是过去很久的事情了。

试想一下，如果你有一个这样的头脑档案，把所有你认为自己不够好的地方都储存起来。当你有时间思考的时候，你就会翻阅其中的抽屉。这是一种什么样的生活方式！这是一种你做梦都不愿意施加在别人身上的心理折磨，但你却允许自己这样做。如果你允许自己这样做，你又如何能阻止别人这样对待你呢？

正如我在第一步中解释的那样，对失败的恐惧是我们为了保护自己而学会的一种行为。失败可能会令人尴尬，它让我们感到愤怒、不满或沮丧。然而，失败是生活的一部分，这是我们学习的方式。如果我们过分关注失败以及别人因此会如何看待我们，就可能导致我们不再想尝试任何新事物——以防我们再次失败。这样做，我们就会被恐惧所束缚。这不是生活的方式：一边紧张地向前迈步，一边试图避免失败的可能性，谨慎行事，"以防万一"。我们需要学会相信，无论发生什么，我们都能够处理并安然度过。

边界

正如我们讨论过的，选择不尝试任何新事物、拖延任务或不惜一切代价追求"成功"，都是我们因恐惧而设定的边界。我们害怕失败的感觉，因为它强化了我们的核心信念，即我们"不够好"。因此，我们会竭尽全力避免失败。但是，我们需要做的不是停留在恐惧的界限内，而是跨出这道边界。

下次当你的内心告诉你不应该尝试某事，因为你可能会失败，而这会很糟糕，或者告诉你要不惜一切代价去追逐你想要达到的目标时，花一点时间有意识地**停下来**，**暂停**并**反思**。认识到这些想法来自你的恐惧。并且，如我在前一个练习中推荐的，将恐惧外化来帮助你管理它。

记住，你是那个坐在驾驶座上的人，恐惧只是个乘客，它没有权利决定你要去哪里。跨出边界，从一个富有同情心的视角看待事情：如果这是一个朋友要做的选择，你会如何建议他们？这就是学会信任自己，以开放的心态而不是被恐惧封闭的心态前进的过程。

设置边界

你是否一直想尝试某件事情，但却因恐惧而止步不前？或者，你是否迫切地想要实现某件事情，却一直未能如愿？如果是前者，那就去尝试。如果你真的失败了，花点时间感受失败，体验那种情绪，并注意你因此对自己说了什么。你是否一直在批评自己，或是在贬低自己？再次想象，如果这是一个向你求助的朋友，你会如何回应他们？当然是带着同情心，对吧？

也许是时候把我们对待他人的技巧用在我们自己身上了。这个练习是为了让你熟悉恐惧，这样它就不再能吓到你，你也不再需要逃避它。学习在遭遇失败时信任自己，你就可以用一种健康的方式调节并安抚自己。

HFA 行为类型 6
· 令人失望者 vs. 有健康边界者

萨拉因为害怕让别人失望而难以为自己的时间和空间设定边界，这导致了她的焦虑。通过和我进行的咨询，她意识到自己想要随时都显得"有空"——以免让别人失望——却忽视了自己的感受。

不想让别人失望是一种自然的情感。然而，仅仅为了取悦他人而去做我们不想做的事情，或者是对我们自己的生活造成破坏性影响的事情，都意味着我们不可避免地会让自己失望。事实是，我们无法控制别人对我们的看法。选择在时间和精力方面为自己设定健康的界限并不自私，这是忠于自我的一部分。

边界

在这一部分，很多界限的设定仅仅通过问自己一个问题就能实现：每当你同意做某事时，问问自己："我的意图是什么？"如果你发现自己的意图是做你认为别人期望的事，因为你担心别人会怎么想，那你就知道自己需要做什么了。设定一个边界，说一声"不，谢谢"，因为这不符合你的本意。当然，你还需要忍受让别人失望的不适和内疚。然而，凭借同情心和本节提供的工具，你可以解决这个问题。

在真实的生活中，你可以选择将多少时间、空间和精力分配给他人。HFA 会让你付出太多，几乎不为自己留下一点儿。这种模式惯用于你的个人和工作关系。但现在是时候重新找回自己了。时间和精力是你的货币——你打算怎么花呢？当你对某件事情说"是"的时候，请确保你是出于真实的意图和自我同情，这本身就是学习过程的一部分。

设置边界

看看你接下来几天、一周或一个月的日程。其中有多少事情是因为你想做（或被要求做，如工作安排）而说"是"的？探索每一个"是"给你带来的感受。再次问问自己，如果这日程属于你的朋友，你是否会告诉他们采取不同的做法或提出改变的建议？你是否可以做出一些改变？

或者，记录下你的一天，记下哪些时候你觉得自己做某件事是因为不想让别人不开心（比如在你宁愿在工作或看书的时候停下来聊天），而不是因为自己想做。你能为自己的时间和精力设定一个自我关怀的边界吗？

HFA 行为类型 7

• 过度努力的人 vs. 拥有一切的人

萨拉在工作场所备受赞誉，人们普遍认为她是一个"能完成任务"的佼佼者。然而，这一切都是以她的幸福和心理健康为代价的。多年来，她一直肩负超量的工作，令她的个人空间被严重挤压，既无暇顾及私生活，也无法培育感情生活，更别提抽空内省，确保自己追求的是内心的愿望而非外界的期许了。她用无休止的忙碌筑起了一道墙，避免自己静下来直面那份"不够好"的自我感知。

边界

在生活中，我们有时会感觉到自己身上被赋予了某种角色或期望，不论是来自父母、老板还是朋友。这通常与达到特定目标或过上某种特定的生活有关。如果这些目标真正触动了你的心弦，你也的确渴望，那么尽管大胆去追求吧。然而，确保你有时间定期内省是很重要的；腾出时间去看望家人和朋友，或者如果你愿意的话，去谈一场恋爱也是同样重要的。我把这些时刻称为"暂停时刻"，在这些时刻里，你给自己留出时间进行内省，就像你对待他人一样。

HFA 可能会让我们忘记自己的需求——尤其是当人们对我们寄予期望时，我们会竭尽全力去达到目标，甚至不惜牺牲个人生活。问题是，正如我之前所说的，当成就感仅仅与短暂的"足够好"相关联时，它只是一种暂时的修复，因为我们真正的信念是自己根本就"不够好"。

当你处于"达到目标"的状态时，停下来会感到不舒服。因为当你停下来的时候，你会对自己"是谁"或"想要什么"感到困惑，因为你从未给自己空间去了解自己的好恶。比起面对自己的真实感受，待在"仓鼠轮"上追逐暂时的解决方案更容易让人接受。因此，你觉得自己被困住了，结果便是延续这一循环，无法自拔。

设置边界

在你的日程中有意识地为自己设置一些暂停时刻。利用这些时间进行内省，并提出以下问题（请注意，你可以根据自己的情况调整这些问题的措辞）：

第 1 部分

• 我觉得我现在有足够的时间（在工作和其他责任之外）

为自己做一些事情吗？如果没有，为什么？我可以做些什么来改变这种状况？

- 我是不是在追逐成就，只为了感觉自己足够优秀？
- 这周有什么让我感到自豪的事情？为什么？
- 我现在是否需要给自己更多的某样东西？
- 我觉得自己平衡工作与生活的现状如何？
- 这周我是如何支持自己的？

回答完这些问题后，不妨坐下来思考一下自己的生活方式。可以设定一个时间，比如 10 分钟，在这段时间里检查一下自己当天的感受。带着好奇心，不带评判地自省。看看有什么浮现出来，以及它们给你带来了什么样的感受。

第 2 部分

接下来，保持记录日程的习惯——无论是一周还是一个月都可以，选择一个适合你的周期——记录每天你如何分配时间。你花了多少时间和朋友在一起？睡觉？做你喜欢的事情？锻炼？工作？生活工作的良好平衡应该既包含为自己留出的时间，也包含工作的时间。你可能处于一个需要长时间工作的行业，但你仍应该为自己留出时间。

现在，利用你在这两部分中获得的洞察做出决定：你希望每周 / 每月花多少小时做你想做的事情？这与实际总时间相比如何？然后设定你的边界，并在可能的情况下调整你的时间。开始为自己而生活吧。

设置界限一开始会让人感觉不舒服，甚至会让人觉得自己很自私，因为这是为自己的感受着想而做出的决定。但是，一旦你明白了这样做的必要性，就会发现选择设置一个健康的界限并没有错。这是你的生活。你每花一天去追逐他人的肯定以获得自己"足够好"的感觉，你就少了一天去发现内在的自我同情、爱和接纳。

重构恐惧的想法

我已经多次提到过"重构我们的想法"或"认知重建"，但这是一件说起来容易做起来难的事情。它要求我们调整对某种情境或状况的最初看法，从不同的角度去看待它。而且，只有当我们了解了自己最初的感受来自何处，我们才能真正有效地做到这一点。

这里有一个认知重建的例子。试想一对夫妻，他们都有工作，生活美满，工作与生活也平衡得很好。但后来，其中一人做了手术，术后出现了并发症，他需要更多的时间休息，也变得更依赖对方。这意味着仍在工作的伴侣必须更频繁地待在家里，承担更多的家务，并忍受伴侣情绪的变化。

现在，承担所有额外工作的人感到不被重视，工作与生活不再平衡；双方都感到烦躁，几乎不再交谈。他们非但没有为彼此留出空间，反而充满了怨恨和未竟之言。细琐之事都会引发波澜，因为他们之间有效沟通的桥梁已经坍塌。

如果再加上 HFA，情况就会变得更加复杂。如果我们了解到，那位接受手术的人在成长过程中，父母中的一位每当生气就拒绝和孩子说话。我们就能明白，现在从伴侣那里受到同样的对待会给他造成多大的额外痛苦。他学会的是需要取悦他人来满足自己的情感需求，但现在他却陷入了一个无论做什么都无法取悦伴侣的困境。

也许另一个人经常被父母辜负，因此很难信任他人。他学会了必须自己打理一切。现在，当他决定充分信任某人并与之建立关系时，他又被辜负了。尽管这不是对方的错，但 HFA 还是让他们退缩。只有通过彼此间的这种理解，这对夫妇才能重新构建他们的处境，摆脱有害的 HFA 行为模式。这又一次证明了我们的童年经历会影响成年后的行为模式。

这里还有另一个认知重构的例子。新冠疫情时期对我们所有人来说都是艰难的，各种封控措施增加了许多人的孤独感。下面的模型展示了如何对我们的观点进行认知调整，将我们对封控的消极想法转变为更积极的想法。

"我和我的朋友们不能见面。" ➡️ "我和我的朋友们互相守护。"

"我被困在家里了。" ➡️ "我在家很安全。"

"我失去了所有的自由。" ➡️ "我为了崇高的目标让渡了自由。"

"我错过了我所爱的事物" ➡️ "我对我所爱的事物越来越感恩。"

认知重构

管理感情爆发

当长时间被压抑或忽视的自我的某些方面终于爆发，并进入我们的意识时，它们可能会以一种笨拙、失衡或不可控的方式出现。例如，如果你过去总是习惯于为了顾及他人而把自己的需求放在一边，那么事情可能会物极必反：你将不再愿意在生活中做出任何让步，你可能会因新觉醒的自主意识而行为激进：现在轮到你来做决定了，如果有人妨碍你或者没有以你期待的方式尊重你，你会报以愤怒或怨恨。

你与自我价值的关系正在改变，这将波及其他人。你可能会要求每个人都来适应你，而不是你去适应其他人，但这会引起摩擦。

想象一下，别人一直将你视为蓝色，并以此来对待你。然而，现在你表现得如同黄色，以一种全新的方式行事。但是，你周围的人起初可能并没有意识到你发生了什么变化，他们仍把你看作蓝色。这可能会让你感到怨恨、束缚和受限。然而，这既不是你的错，也不是他们的错。个人的发展和成长需要伴以沟通，而不是火山爆发般的冲动。

在我的工作中，我经常看到这样的干扰如何引导我们理解自己，并最终促进成长。这不是一个为了维持和平或让人快乐而抑制或牺牲我们的内在需求和欲望的时候。我们需要倾听并最终尊重内心发生的一切，为自己创造空间，唤醒我们自己。

你值得拥有空间，值得被爱，值得感觉足够好。

人们可能不喜欢你改变，或不按照你那套可预测的模式行事，但这是无法避免的。你需要忍受这种不适，以便调整和适应。

我在大学时的研究是关于个体发展自我觉察会如何影响他们的人际关系的。这一点让我着迷，因为我在自己的生活中也注意到了这一点——我的朋友圈发生了变化，我的表现也变了。我记得当时感觉自己与人脱节，好像不再合群。我在来访者身上也看到了这一点；当他们开始意识到自己的价值并与自己的价值观建立联系时，他们开始质疑自己与周围人的关系。

一旦这个"火山爆发"阶段最终过去，你将开始学习如何更明智、更熟练地使用你新的、自信的能量。你开始将这些知识融入你的生活中，学会说出自己的想法。这是一个持续的过程，因为你遇到的每个人都是不同的。然而，最终你会意识到，控制不在于试图管理他人的反应，而在于你如何随遇而安，遵

循本心。

这种改变并不容易，尤其是我们的自我价值感、安全感和保障感都来自旧的行为模式。起初，你可能会对这种干扰感到恐惧和焦虑，但重要的是要记住，它将引导你走向积极的变化。可以说，这是黎明前的黑暗。你会学到还有其他方法可以培养你的自尊，这与别人如何看待你无关；你也将有机会培养你平时可能没有探索过的新技能和能力。

自我觉察如何揭露悲痛和丧失

随着我们的自我觉察不断发展，我们会留意到自己允许他人对待我们的方式。更清楚地看到我们人际关系中的动态，既能让人大开眼界，也充满挑战。我们可能会为自己没有早点觉察到某些危险信号而感到沮丧，但重要的是要记住，那时我们的需求和视角可能与现在不同。

在治愈和自我发现的过程中，我们开始理解，寻求他人的肯定可能是我们容忍某些行为的一个重要因素。然而，随着成长，我们学会了满足自己对肯定的需求，并开始更加珍视自己。这种新发现的自尊可能会促使我们摆脱那些不再对我们有益的模式和行为。

虽然这段旅程可能会带来悲痛和难过，但也会让我们对未来的潜力感到兴奋。当我们放弃那些不再适合我们成长的人际关系时，我们就为新的、更健康的人际关系的出现创造了空间。一些朋友可能会与我们一起成长，支持我们，而另一些朋友可能会自然而然地疏远。

在这个过程中感到自私是正常的，因为我们会优先考虑自己的幸福和成长。但我们必须认识到，照顾自己和设定边界是自爱，而不是自私的行为。通过这一旅程，我们学会尊重自己，建立更健康的关系，并创造更真实、更充实的生活。

案例研究

我曾与米娅（Mya）一起工作过，她一直遵循母亲的一切指示行事——包括如何做人、如何打扮，甚至包括该和谁约会以及嫁给谁。然而，这些指示都是基于她母亲自己的观点。米娅一直照做，直到她再也无法忍受，最终精神崩溃。她置身于一段毫无幸福感的关系中，没有意识到她也有自己的声音和观点。她吸引了一个像她母亲一样把她"藏在暗处"的伴侣。她被压抑着，不知道自己是谁。

米娅被迫停止工作，她变得情绪低落、焦虑不安。不过，她借此机会接受了治疗，探索自己的模式，并花时间了解自己迄今为止的人生历程。她开始设定界限以保护自己，并发现自己能够说"不"，而不会让内疚感或觉得自己是个坏人的感觉占上风。这并不容易。她意识到自己和伴侣的价值观不同，于是结束了这段关系。她还搬到了另一座城市，开始寻找新的工作。

米娅意识到，她的生活一直以取悦母亲为基础，于是她挣脱了这种生活。看着她的旅程展开，为她的成长提供安全的空间，这是一件很美好的事情。在这个过程中，米娅获得了新的认同感和价值感，能够活出真实的自我。她知道自己已经足够好了，并开始基于这种信念生活。

压抑情绪的千层蛋糕

当我们开始深挖，就会发现被压抑的感受和欲望。最初，说出来和说"不"都可能让人觉得难以承受，尤其是随着我们理解的加深而产生的那些情绪。经常有来访者对我说："但我的童年很美好，我的父母给了我一切。"我们会在这里暂停一会儿，然后我们会越挖越深，揭开层层压抑的情绪。

想象一块涂满了巧克力的美丽海绵蛋糕。蛋糕看起来完美无瑕、装饰精美、美味可口。你一直相信，这是一块纯粹的巧克力蛋糕。你对此感到高兴。但是，当你拿起叉子决定大快朵颐时，你才发现这块蛋糕仅有外表覆盖了巧克力。

这块蛋糕里面有好几层——香草、花生酱和树莓——它们都被巧克力压住并藏在了下面。蛋糕也有烤得不太完美的地方。然而，看似完美的巧克力涂层却覆盖了这一切。

随着你揭开每一层蛋糕，你都对它有了新的了解。而当你最终到达盘底时，你会意识到这块蛋糕一直以来都是与众不同的，而且要复杂得多。层层探索让你揭示了蛋糕的真实本质，以及它凌乱和不完美的一面。

就像挖掘蛋糕会发现隐藏的层次一样，你对自己心灵的探索也会发现自我中被压抑或未充分发展的部分，使它们得到滋养并得以成长。

例如，害羞的人可能会发现自己从未意识到的自信，而那些总是迎合他人的人则会唤醒自己的价值观和抱负，看到自己对安全感和稳定性的需求朝着新的方向发展。那些被情绪支配的人发现自己能够更好地退后一步，变得更加客观和淡然。从根本上说，这项工作能增强我们的自我觉察，让我们有机会探索新的生活方式。

暂停的力量

在我们快节奏的人生旅途中，抽出时间来思考和规划似乎有悖常理，是在浪费我们有限的时间。然而，它在获取视角、做出战略决策、培养创造力、减轻压力和设定未来目标等方面带来的价值怎么强调都不为过。

通过将有意识的暂停融入我们的日常生活，我们可以让自己更清晰、更有目的、更着眼长期成功地应对挑战。

当我们在一个问题上陷入僵局时，我们通常会不断地进行相同的联想和选择，但往往无济于事。通过抽身而出，我们可以调动其他心理功能，体验所谓的"孵化期"——一种有助于创造性问题解决的无意识心理过程。科学家将其称为"有益的遗忘"。[6] 我们可以重塑我们的思维，断开无益的联想，并用新颖独特的解决方案替换它们，这正是我们所期望的。

在针对 HFA 行为类型 7 的边界设定练习中，我建议设置一个计时器，与自己独处并倾听自己的想法和感受。该原则同样适用于这里。而且，通过在这一暂停中深呼吸几次，你会为大脑提供所需的氧气，使其更好地参与执行功能区域的活动。

为了支持自己完成硕士学位，我不得不打三份工，我记得自己一直在忙碌中奔波；回想起来，我都不知道自己是怎么做到的。我没有给自己留下暂停的时间，因为一旦停下来，我就会意识到自己已经筋疲力尽了。我忽略了自我关怀，转而更加沉迷于让自己忙碌起来。

不过，我的课程包括每周一次的治疗项目，这为我提供了一片"暂停"的空间。每次治疗时，尽管脑海中仍萦绕着数不尽的待办事项，但那一个小时的全部焦点必须集中在自我身上，我必须迫使自己全然处在当下。如果我做不到，我的治疗师也会注意到。这教会了我暂停的力量。我开始对呼吸法、冥想和其他的"着陆技术"产生兴趣，它们已经成为我管理自己的幸福和心理健康的关键方式。

需要注意的是，暂停对我们每个人来说都是不同的。对有些人来说，暂停可以是泡一杯茶，或者在没有任何科技产品的情况下坐在户外，留意周围的声音；而对另一些人来说，暂停可以是冥想。无论暂停对你来说是什么，都要把它变成你生活方式的一部分。

第四步总结

我们已经完成了第四步，请花点时间来反思一下。到目前为止，你对自己的旅程感觉如何？这些步骤和相关的学习如何改变了你？想想你现在在哪里，又是从哪里来的。这是一项深刻而有力的工作，能走到这一步你已经做得很好了。

深刻的变化正在发生。你可能会觉得一切都在动荡或分崩离析，但这更像是蝴蝶试图从茧中挣脱出来。现在是时候质疑你的成长经历、你的信仰、你一生中被告知并试图适应的东西了。你现在处于一个可以独立思考的空间，一个适合你自己的空间。伟大的精神分析学家卡尔·荣格（Carl Jung）说过："意义让很多事情变得可以忍受——也许是所有事情。"你现在正在寻找自己生命的意义，找到了自己对自我的认同，这是一种无与伦比的力量。

值得注意的是，当我们的信仰体系发生改变时，我们的价值观也会随之变得更加有意识和有目的。而当我们的价值观发生变化时，我们对如何生活的选择也不会保持不变。这意味着我们的方向改变了。我们的共鸣和感应方式会改变，我们吸引的人也会改变。无视这一切是行不通的。它就在这里，就在敲你的门。无论你试图如何阻止，它都不会消失。所以，回应它吧。你不必让它进来。这由你决定。这是你的选择。准备好迈出第五步了吗？

第五步 »
释放自我同情

在前言中，我解释了为什么选择写这本书。我希望人们能感到自身已足够优秀，不必向他人寻求认同，也无须再与自己的想法做斗争。我想帮助人们看到改变的可能性，而这种改变来自内心。我愿分享我的五步计划，让你和其他像你一样的人能够真正摆脱束缚自己的行为模式和限制性的思维方式。

对你来说，读到书的这一部分确实是一段充满挑战的旅程。这需要真正坦诚地直面恐惧、深挖自己的过去，以及处理由此带来的各种情绪。现在，我们来到了第五步。在这里，你将学习到自我同情（self-compassion）。整整一章都是关于学会善待自己的？没错！这一切都关乎我们每天如何对待自己，如何展现自我。是时候终止那种对自己过于苛刻的生活了，停止奋力迎合那些外界强加的期望，那些"别人必须做什么才能让你感觉足够好"的期望！

这一步将帮助你稳固根基，就像树木靠根系生存一样。自我同情就是你的根，让它生长吧。当我问我的来访者们是否会以对待自己的方式苛责他人时，几乎无人会认同此做法。那么，为什么我们对自己却如此不友善呢？为什么我们轻易地接受了面包屑，却把面包留给了他人？我们自己也应该得到面包。事实是这样的：我们觉得自己应得的东西源于对自我价值的认知。

　　　　每个人的旅程都是独一无二的；

　　　　这是一段专属于你自己的旅程。

　　　你不能对其他人面面俱到，对自己却一无所知。

想象一下，你的内心是一座花园，而你的想法则是那些种子。你可以选择在你的花园里种下什么样的种子。你可以播种积极、爱与富足的种子，而不是恐惧和羞耻的种子。你可以花时间去照顾别人的花园，也可以努力让自己的花园变得美丽，并吸引其他同样美好的灵魂纷至沓来。问问自己，你打算种下什么样的种子呢？你又将如何照料你的花园？

写下你的生活密码

正如我之前所说的，我相信生命的旅程是一个通过同情心的展现和简单地让自己"存在"来爱自己的过程。我也相信，我们每个人都有自己独特的"气质"和"生活准则"。我们要尊重这种准则，理解为什么它对自己很重要，而这种理解只有在我们真正了解自己后才会产生。希望你在阅读这本书的过程中所做的努力，能帮助你更接近对自我的理解。

人们的生活准则来自人类存在的许多不同领域。例如，斯多葛主义的追随者们就将源于古希腊的哲学体系作为自己生活的指南。然而，在第五步中，我邀请你根据自己的生活体验来编写自己的生活准则。你在这本书中学到的一切都将帮助你更深入地了解自己以及你自己的智慧，从而创造出真正属于你自己的生活方式。

当你爱自己的时候，你会吸引更好的人。当你以某种方式对待自己时，你是在让整个世界知道，这是你认为自己应得的。一切都始于你对自己的感受。因此，要相信自己是有价值的，是与众不同的，并且配得上生活中所有美好的事物。

力量——蓬勃发展的 12 种方法

在第三步中，你配备了一套工具包来面对你的恐惧和自我怀疑，现在我们将要探讨 12 种"力量"，你可以使用这些力量去寻求同情、自爱，以及最终的快乐——一旦你理解了这些，就有可能找到所有这一切。有些力量可能对你不起作用，而另一些则会。请记住，你是独一无二的，通往成长的道路属于你自己。

力量 1：练习正念

请全身心地投入当下，因为它拥有塑造你的现实的力量。拥抱当下的美丽与深度，因为真正的快乐、成长与心灵的链接都栖息于此。

研究表明，练习正念有助于减轻压力、增强我们的注意力和专注力、改善身心健康，甚至提升幸福感。拥抱静止的力量也是对抗完美主义的一剂良药，为我们提供了一个重新链接真实自我需要的"暂停时刻"。但它是如何发挥作用的呢？

事实是，正念在每个人身上的生效方式都不尽相同。它是一种和我们一样独特的练习。正念不必非要在户外的瑜伽垫上坐着听鸟鸣——它也可以在泡一杯茶或洗手等日常行为中找到。本质上，正念是我们所有人都可以使用的一种工具，只需要通过关注我们的想法、感受和感觉（视觉、听觉、味觉、触觉和嗅觉），我们就能完全觉察到我们的环境。

建立我们对自己和周围环境的觉察，

是提高我们积极共鸣的绝佳方式。

不要让生活与你擦肩而过——学会觉察吧。

正念能引导我们变得更加体贴周到——这让我们更有可能对他人和自己都保持友善和同情。

我记得当我刚开始练习正念时，我以为这是浪费时间。然而，当我找到一个不受手机或永远做不完的待办事项干扰的空间时，我就能倾听自己内心的声音，并识别出自己由完美主义导致的压力和由不切实际的标准导致的焦虑。这种暂停帮助我了解到我的哪些模式是由恐惧所驱使的。

将你的注意力集中到当下可以帮助你放下对过去和未来的执念，进而降低你的压力水平。通过培养对当下的觉知和非评判的洞察，我们可以摆脱完美主义的束缚。最终，练习正念和拥抱静止赋予我们力量，使我们能够接受真实的自我，找到当下的快乐，并以更轻松、平衡和充实的方式生活。只有在静止中，我们才能拥抱不完美之美。正念在有意识地练习时效果最佳，所以让我们在接下来的练习中加入一些正念。

正念的意图

坐下来，花时间让自己感受你需要感受的一切。尽情释放，呼吸。暂停并与自己联结。想象你想要放下的事物。当下正是有意识地改变的最佳时刻。

你也可以通过写感恩日记、在大自然中散步、冥想、留意自己的感受和情绪，以及呼吸练习来练习正念。你可以一次性尝试所有这些活动，或者你可以尝试每天做一项。开始一项正念练习只需要你空出 60 秒的时间。每当你感到思绪纷乱或被特定事件压得喘不过气时，你可以问自己以下几个问题：

1. 我是不是反应过度了？这件事真的有那么严重吗？从长远来看它重要吗？

2. 我是不是在以偏概全？我是不是在基于观点或经验而非事实的情况下得出结论的？

3. 我是不是在揣测他人心思？我是不是假设他人有特定的信念或感受？我是不是在猜测他们会如何反应？

4. 我是不是在苛刻地给自己贴标签？我是不是在用"笨""没希望""胖"这样的字眼来形容自己？

5. 这是不是一种非黑即白的想法？我是不是把事情看成非好即坏，而没有考虑到现实其实很少是黑白分明的？毕竟，答案通常在两者之间的灰色地带。

6. 这个想法有多真实和准确？我能否退后一步，像一个朋友或公正的观察者那样考虑问题？保持客观而不是主观臆断？

力量 2：关注内心的对话

仔细聆听你内心的低语，因为它们之中蕴藏着自信、赋能和转变的种子。用善意、鼓励和同情来滋养你的自我对话，看着它茁壮成长为一股强大的力量，推动你向梦想迈进。

通过培养自我觉察和学习倾听自我对话的方式，你可以培育一种充满同情和赋能的内在对话。倾听内心的声音对我们如何在世界上表现有深远的影响，我们将更深入地了解自己的欲望、恐惧、优势和局限。

这种自我觉察能够让我们做出有意识的选择，并使我们的行动与真实的自我保持一致。我们不再感到被迫遵从社会期望或戴上面具取悦他人。相反，我们会拥抱自我的独特性，自信地表达我们真实的想法和情感。

此外，当我们倾听内心的声音时，我们会更加顺应自己的直觉和内在的智慧。通过信任自己的直觉，我们就能在内心指南针的指引下，更有目标感和方向感地驾驭生活。通过尊重自己的需求并采取积极主动的行动去满足这些需求，我们培养了与自己更健康的关系。这种自我关怀不仅仅局限于个人幸福，也影响着我们与他人的互动方式。当我们优先考虑自己的幸福时，我们会拥有更多的能量和同情心，给予这个世界更积极的影响。

你的想法是情绪（emotions）和心境（moods）的源泉。你与自己的对话可能是破坏性的，也可能是建设性的，影响着你对自己的感觉以及你对生活中事件的反应。当我们倾听并关注我们如何与自己对话时，我们可以学到很多。我们会觉察到自我限制的信念、消极的自我对话，以及不再对我们有益的模式。有了这种自我觉察，我们就可以挑战并重新构建那些限制性的叙事，赋予自己力量去拥抱新的可能性并拓宽我们的视野。

通过倾听内心的声音，我们敞开心扉去学习、适应，

并成长为最好的自己。

如果你愿意花时间去倾听，每一次经历都可能成为研究和发展自己的机会。记住，这是一段持续的旅程。自我对话就像任何形式的关系一样，需要时间和专注。有的时候会事与愿违，你可能会对自己感到沮丧或恼火，但在那一刻，你有一个选择：理解自己或苛责自己。

我在自己和其他与我一起工作过的人身上发现，我们常常害怕停止苛责自己，因为我们认为没有别的办法能把事情办好。我们习惯于通过恐惧来激励自己做事。那么，让我们试试相反的方法：用心做事，步调一致。如果我们看一下自我对话的两面，就会发现其中一面是消极的，而另一面则是支持和肯定的。考虑一下以下两种说法，然后大声对自己说出来。

1."我今天会在会议中发言，因为我有重要的意见要提出。"

2."我觉得今天在会议上还是不说话为妙，万一说错了什么，我会显得很傻很蠢。"

注意在你说出每句话后的感觉。第 1 句话能让你感觉到自己被赋能，而第 2 句话可能让你感觉像一只想缩回壳里的乌龟。

通过关注你的内心对话，你可以培养出更强的自我连接感和真实感。这种做法还能增强你有意识地应对情境的能力，而不是基于自动化思维的冲动反应。

挑战你的自我对话

花一点时间回想一下你今天对自己说了些什么。是批评性的话语，还是善意且有帮助的话语？在这场内心的对话后，你感觉如何？你对待自己的方式，是否如对待朋友一样呢？请考虑以下的陈述及其积极的替代说法。哪些最能代表你对自己的说话方式呢？

- "真是个笨蛋！我把演讲完全搞砸了。好吧，我的职业生涯到此为止了。"替代语句："我能做得更好。下次我会更加充分地准备并进行排练。也许我还应该接受一些公开演讲培训。那对我的职业生涯会有好处。"
- "我不可能在短短一周内完成。这是不可能的。"替代语句："虽然任务繁重，但我会一步一个脚印地进行。我想我的朋友们也能帮上忙。"
- "多荒谬啊！我怎么可能教会自己更加积极地思考。"替代语句："学会更加积极地思考对我有很多好处。我要试一试。"
- "我穿这条裙子看起来好胖。难怪我找不到约会对象。

我为什么减不下来？我到底哪里出了问题？"替代语句："我就这样也很美，没有任何问题。我快乐、我健康，我被爱着。"

结果如何？如果你发现内心的想法总是倾向于那些消极的陈述，那么是时候改变一下策略，学习一种新的自我对话方式了。下次当你对自己说出消极的话，我建议你挑战自己，停下来，用一种更为善意、更为积极的方式重新表达，就像这里展示的替代语句那样。尽可能多地重复。将你的光芒释放出来。

力量 3：让自己闪耀

拥抱你内心的光芒，让它自由释放。与其为了迎合他人的阴影而贬低自己，不如勇敢地站在自己的光芒中。

停止寻求他人的认可。不要为了迎合他人而牺牲你的真实性。你本就足够完美。把你的时间留给那些能给你带来活力，在情感上准备好进行深度链接的人。这并不意味着你必须与那些让你感觉不好的人断绝联系。人际关系不是这样的。相反，你要去发现是什么触发了你的反应，然后看看是否有空间与他们一起探索这一过程，因为这能深化你们之间的关系。

保持真实自我的光芒，并抵挡为了取悦他人而畏缩的冲动。当你注意到在特定的人际互动中感觉到需要改变自己，这会是一种对内在成长的极佳洞见。这可能是某些正在你内心浮现的事物的结果，所以这是一个了解自己、了解你为何会以某种方式行动的机会。每一天都能为我们带来新的机会，进一步深化我们的洞察，帮助我们不断进步。

不要再维持那些把别人放在第一位的模式。你需要理解自己为什么会这样做，这样做是为了满足什么需求。然而，仅仅理解是不会带来改变的。你也必须付出努力，而这需要练习。阅读这本书就是一个很好的开始！

闪耀真实的自我比为了迎合他人而遮蔽自己的
光芒更有力量。你的独特性和个性使你与众不同。

我发现，当我们谈论真实和本真的自我时，其实是在整合我们的 HFA 的高功能的那一面，以及那些我们以前从未培养但现在开始尝试培养的部分。我的意思是，找到你的真实自我并不意味着要消除你的 HFA。相反，我认为这涉及把它作为你的一部分来接纳它，使用 HFA 给予你的洞察力来了解你是如何敏感地与他人及周围的世界链接。关键是不再让 HFA 控制你。

例如，在过去，我的 HFA 会成为我的"主导自我"。然而现在，如果有人让我做我做不到的事情，我不会因为害怕惹他们生气而说"可以"，而是会注意到这种恐惧。我也可以客观地看待自己的处境，不会因为让对方知道我因为自己也有很多事情要做而帮不了他而感到难过。我有了调节恐惧的空间，而不是让恐惧驱使我。

通过尊重并表达你的真实本质，你可以为创造一个崇尚真实、多元化的蓬勃发展的世界贡献一分力量。拥抱你的光芒，并让它发散，照亮他人的道路，引领他人以自己的方式发光。

尊重真实的自我

当你发现自己因为"太敏感"而把他人捧上神坛，同时让自己的光芒黯淡时，试着问问自己以下这些有助益的问题吧：

- 我倾向于将他人置于高位并遮蔽自己的光芒，这背后隐藏的信念或思维模式是什么？这种信念是如何限制我的自我表达和真实性的？
- 我认为自己太敏感的想法有什么根据？是否有特定的情况或经历让我形成了这种信念？
- 让自身的光芒黯淡对我的整体福祉和满足感有什么影响？
- 我带给世界的独特优势或品质是什么？
- 表达真实的自我会对我与他人的关系产生什么积极影响？
- 完全拥抱真实的自我而不用担心自己太敏感会是什么感觉？
- 我如何能够重塑自己的视角，将自己的独特性看作是一份天赋而非负担？

• 我可以采取哪些措施来尊重真实的自我，继续散发自身的光芒，并坦然面对由此带来的不适？

力量 4：有意识地引导你的精力

你的精力是宝贵的资源，因此要有意识地选择如何投入精力以及投入到哪里。有意识地将精力投向对你真正重要的事情，因为只有当你的精力与你的激情和价值观保持一致时，你才能释放出全部潜能。

想象一下，每天你只有 100 份精力可供使用。你如何选择"花费"这些精力，会极大地影响你的整体幸福感、工作效率和满足感。选择明智地使用你的精力，而不是用它来取悦他人，这是你疗愈与成长过程的一部分。正如专注"正面管教"的知名作家 L.R. 诺斯特（L.R. Knost）所说："照顾好自己并不意味着'我优先'——而是意味着'我也是'。"

记住，你拥有决定如何使用精力的权力。因此，拥抱意向性的天赋，将它用于提升你的心灵、符合你的价值观和激发你的热情的事业。

有意识地选择你的精力投向，你就能创造出充满活力、
目标明确、与最真实的自我和谐一致的生活。

　　当我们把精力用于与我们的价值观、激情或成长经历不相符的事物时，我们就可能面临在情感上、精神上，甚至身体上消耗殆尽的风险。我们可能会发现自己精疲力竭、心灰意冷，不知道自己为什么缺乏追求梦想的热情和动力；更糟糕的是，我们会认为自己出了问题。此时此刻，我们需要停下来，重新评估我们的精力投向。

　　另一个看待这个问题的方式，就像你在画一幅画。你每做一个决定，就相当于在画布上多加了一笔。你画的是一幅让你快乐并反映真实自我的画吗？还是在画那些你认为别人想要的衍生品？做个艺术家，掌控自己，掌控并用每一笔塑造你的现实，直到你创造出让自己快乐的东西。

　　当你开始关注自己精力的去向时，你可能会发现生活中的某些方面需要调整。在这个过程中要对自己有同情心。记住，改变是一个循序渐进的过程，每一个微小的转变都是向更高的一致性和满足感迈出的一步。而这一切都要从自我觉察开始。问问自己：**我的精力去哪儿了？我是在明智地投入，还是在不适合我的地方挥霍精力？**下面的练习将帮助你把精力引导到真正能给你带来快乐、激情和使命感的事情上，而不是将它白白消耗。

确定你的精力投向

在你的日志本或笔记本上，画出两栏，分别标为"精力消耗"和"精力滋养"。然后记下你一天中遇到的活动、任务和互动，并将它们归类为消耗或滋养。

· **精力消耗**：让你感到筋疲力尽、沮丧或耗竭的活动或互动。这可能包括你不喜欢的任务、参与八卦或消极讨论，或者和那些消耗你精力的人相处。

· **精力滋养**：让你感到充满活力、充实和愉悦的活动或互动。这可能包括你的爱好、与爱人共度时光、进行创造性追求，或享受放松和自我关爱的时刻。

记录几天后，请回顾一下你的记录，看看有什么样的模式浮现出来。是否有特定的活动或互动持续消耗你的精力？是否有某些活动能持续提升你的精力，改善你的心境？

带着这种新的觉察，为接下来的一天或一周设定目标。努力减少或限制那些消耗性的活动，而优先考虑那些滋养性的活动。要切合实际，对自己温和一些，认识到即使是微小的改变，随着时间的推移也会产生重大的影响。

当你开始新的一天，选择如何分配你的时间和精力时，可以练习正念。在参与某项活动或互动之前，停顿片刻，审视一下自己。问问自己：**这项活动会滋养还是消耗我的精力？它符合我的价值观和优先顺序吗？**

　　认可并肯定自己在精力分配方面做出的积极改变。当你不断完善自己的选择时，要对自己有耐心，明白正念觉察和练习将带来持久的变化。

　　这里还有另一个引导精力投向的练习。

生命之轮

　　在笔记本上绘制如下图所示的"生命之轮"。检视图示的八个领域片段，如有必要，重新命名它们，或补充你认为缺失

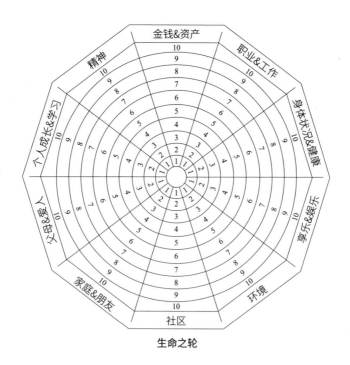

生命之轮

的领域，使这个轮对你更有意义。然后，用 1（非常不满意）到 10（完全满意）的数字，对每个领域进行打分。

抽出一些时间，坐在你的"生命之轮"前，诚实地问自己对生命中每个"领域"的感受。这将有助于你思考希望如何改变或改变什么。

生命之轮之所以有用，是因为它直观地展现了你生活中的关键领域，以及你当前幸福和平衡状态的全面视角。它让你能够识别出你可能在哪些领域花费了太多的时间和精力，而忽略了其他重要方面。因为失衡可能会导致压力、倦怠和幸福感下降，所以我鼓励你每个月重新审视生命之轮，来帮助你直观地看到生活中的失衡，并最终看到实施改变的力量和可能性。

力量 5：接纳真实的自我

在灵魂的交响乐中，找到自己独特的音符，并大胆地演奏出来。

在这个常常标榜同质性的世界里，拥抱我们的独特性、欣赏我们的与众不同需要勇气。自我探索和自我接纳之旅要求我们深入探索自己的内心世界，卸下社会期望，摘下与他人比较时佩戴的面具。当我们尊重真实的自我时，才能真正找到归属感和满足感。

是时候放下"完美"的想法和与他人的比较，迎接自己的独特性了。在前面的步骤中，你已经经历了这个过程——了解到无休止地追求表现"完美"只会导致疲惫和倦怠，因为完美本就不存在。拥抱我们的不完美让我们认识到，它们不是缺陷，而是让我们的画布变得独一无二且引人注目的笔触。

通过超越完美的幻觉、直面你的恐惧、驾驭你的 HFA，

你将会发现自己真正的本质——光彩与韧性的完美结合。

我发现自己很难欣赏自己的独特之处，也很难接受别人对我的真诚赞美。我总是急于把别人捧上天，欣赏他们的才华横溢，但在面对自我时，却无法施予同样的认可。我要说的是，坚持练习！不要放弃。

在人类构成的这匹巨大织锦中，没有两根线是完全相同的。我们每个人都是用独特的颜色、图案和纹理编织而成的杰作。接受自己的个性，珍视让我们成为我们自己的差异，这是人类经验中强大的一部分。在这个似乎渴望真实和接纳的世界里，拥抱自己的独特性并欣赏他人的与众不同，是一种勇气和爱的表现。

拥抱和欣赏让你成为你自己的美好事物。探索你自己，你的喜怒哀乐，你的才华和愿望，任何让你心动的事物。沉醉于这种美妙而独特的感觉。你就是你读过的书、看过的电影、听

过的音乐、与你共度时光的人。明智地选择你的精神食粮。

我们还需要记住对自己温和一些，承认成长是一个过程，而挫折是进步的垫脚石。有时，你会想回到旧有的模式中去，限制自己，以获得"归属感"。自我同情会帮助你从容应对这些不可避免的挫折，增强复原力并深化自己和他人的关系。接受你的独特性，珍惜你的旅程，让灵魂的真实之美照亮世界，散发出只有自己才能带来的光芒。

镜子肯定练习

站在镜子前，做几次深呼吸，让自己的精神集中起来。看着自己的眼睛，大声说出对自己的三个积极肯定，赞美自己的独特和与众不同。以下是一些例子：

- "我是独一无二的，我接受真正的我。"
- "我拥抱我的怪癖，享受我的个性。"
- "我值得被爱和接纳，就像我现在这样。"

请坚持每天对着镜子重复这些肯定自我的话语，持续一周。注意任何自我认知上的变化，以及这些话语如何影响你对自己的独特性和差异性的看法。这种简单的练习有助于建立自我欣赏，培养对真实自我的更深刻的接纳感。

力量 6：注意你为自己编织的故事

在我们的心灵剧场中，我们为自己编织的故事占据了主导地位。我们既是编剧又是主角，我们编织的故事既可以把我们禁锢在怀疑的阴影中，也可以把我们推向自我探索和赋能的聚光灯下。拥抱有意识地讲故事的艺术，因为正是在改写内心剧本的过程中，我们才能发现自己心灵和思想的真正潜能。

想象最坏的情况相当于给自己编造阻碍前行的谎言。大脑是一个讲故事的高手，它能编织出错综复杂的故事，讲述我们是谁、我们能达到什么成就、世界是如何看待我们的，以及各种"如果这发生了怎么办"或"如果那发生了会如何"——正如你所知，HFA 会把我们带入绝望的兔子洞，而且很难脱身。

我们给自己编织的故事源于我们的信念、经历和解释，影响着我们生活的方方面面，塑造着我们在世界上的形象。如果我们认为自己有能力、值得拥有并且适应力强，我们就会充满信心地迎接挑战。反之，如果我们心存自我怀疑、不值得或恐惧，我们可能会退缩，犹豫不决，无法抓住机遇和驾驭未知。

我们给自己编织的故事往往源自自我保护的本能，来保护我们免受挑战、拒绝或脆弱时激起的情绪的影响。我们创造出这些故事来为自己的缺点、恐惧或过去的错误提供解释，使我们更容易应对生活中的复杂情况，并保护自己避免伤害和失望。

但是，将自己的情绪全部归咎于外界的事件和人，就会陷入一种不断放弃自我力量的境地。对自己的心态负责不仅有助于自我成长，还能增加你获得幸福的机会。这也让你有机会夺回那份力量。

虽然你为自己编织的保护性故事最初可能有其目的，但它们最终会拖累你。要摆脱它们的束缚，你需要有意识地觉察到它们及它们对你的生活产生的影响。是时候把无尽的灾难改写成积极的东西了。

请记住，你是自己故事的作者，
你有能力将自我限制的故事转变为充满力量的传奇，
引导你最充分地展现自我。

练习让自己回到当下，尤其是当你的头脑过于关注过去和未来，或者纠结于"可能会发生什么"的时候。学会重新定位自我，以免草率地得出结论，这可以防止你鲁莽行事或完全不采取行动（无所作为）。

挑战那些限制你的信念，审视它们的真实性，并向新的可能性敞开心扉。以成长为主题重写你的故事。例如，我坚韧不拔，能够从挫折中吸取教训。我值得成功和幸福。我有独特的天赋，可以对世界产生积极的影响。

进行现实检验

以下练习旨在帮助你挑战自我叙述的故事的真实性，并为你的想法注入客观性。通过提出具体的现实检验问题，你可以清晰地了解自己内心叙事的准确性。

1. 识别故事

当你注意到某个特定的故事或思维模式浮现时，暂停一下，确定它背后的主题或信念。例如，如果故事是"我永远不会在我的职业生涯中成功"，那么背后的信念可能是"我不够好"。

2. 提出你的现实检查问题

• **这个故事是基于事实还是假设？** 考虑一下是否有切实的证据支持这个故事，或者它是否建立在毫无根据的假设或过往的经验上。

• **最坏的情况是什么？** 想象一下，如果故事是真的，最糟糕的结果会是什么。你通常会意识到，想象中的后果是不太可能发生或是可以管理的。

• **有什么证据与这个故事相矛盾？** 列出任何过去的成就、积极反馈，或者指向这个故事是错误的证据。

• **如果是劝告一个朋友，你会怎么做？** 想象一位亲密的朋友分享了一个类似的故事。你会给他们什么建议？将同样的建议应用到自己身上。

• 更平衡的观点是什么？尝试通过考虑积极和消极的方面，找到一个更加平衡的视角。

3. 创建新视角

在回答了现实检验问题之后，创建一个更加平衡和赋能的新视角来对抗那些限制性的故事。例如："虽然我可能面临挑战，但我过去克服过障碍，并拥有面对和处理它们的技能。"

4. 故事重塑

将你的更平衡、更有力量的新观点转化为肯定或积极的陈述。每当那个旧的限制性故事浮现时，重复这个新陈述。

5. 练习正念觉察

一整天都要关注自己的想法和情绪。每当你发现自己陷入一个限制性的故事中，温柔地将你的觉察带回到现实检验问题和你所创建的新视角上。

通过持续练习现实检验，你会更加了解自己对自己讲述的故事，并能够用客观和富有同情心的态度挑战它们。随着时间的推移，你将能更好地控制自己的思维模式，从而减少恐惧和焦虑的感觉，培养出更加积极和赋能的心态。

力量 7：设定切合实际的期望

通过解锁界限的力量，解放自己，摆脱过度强调责任感的"忙碌文化"的困扰。释放自己，发现平衡之美，重新找回自己的本质。

虽然雄心和决心是积极的品质，但当它们与不切实际的期望结合时就会导致耗竭和倦怠。在 HFA 的影响下，试图生活的各个方面都出类拔萃的压力可能会让我们喘不过气来，迫使我们超越自己的极限，而忽视了自己的福祉。

虽然你可能有自己的目标，但要明白，在追求目标的过程中不必以牺牲自己为代价。倦怠并不可怕。相反，要有意识地使用你的精力，把精力投入到你喜欢的事情上，以一种平衡的方式做这些事情。在追求卓越的道路上，真正的成功不在于超越你的极限，而在于滋养你的幸福感。

带着明确的意图去拥抱你的目标，

承认伟大源于平衡而非以自我为代价，

这本身就是一种力量。

在过去，我们的 HFA 可能会驱使我们追求那些无法达到的目标。然而，正如本书向您展示的那样，追求完美通常会导致不胜任感和对失败的深深恐惧。这种恐惧反过来促使我们加班加点，牺牲休闲时间，忽略自我关爱，只为追求目标。过度投入与忽视自我的恶性循环往往会导致我们对那些看起来能轻松平衡一切的他人产生怨恨。

学会设定切合实际的标准和更有效地管理你的精力，将帮助你摆脱那些不切实际的期望，释放你自己，解除那些压抑你快乐和幸福感的沉重负担。

我还记得自己转变直到进入一个对自身更仁慈的空间的过程。起初，当我以同情的口吻与自己对话时，我感到很厌恶，因为我之前一直对自己很严苛。然而，随着时间的推移，我发现采用自我同情的心态和设定现实的期望为我的生活创造了和谐的平衡。当我学会欣赏自己和自己的人生旅程时，最大的收获是，我意识到真正的满足来自真实、专注和完整。

放下不切实际的期望所带来的沉重负担，我们就能自由地迈向真正的幸福、自我接纳和内心平和。通过尊重我们的局限性并设定可达成的目标，我们可以释放自己的潜能，并过上有目的、满足的生活。

***

正念日常生活

以下练习有助于指导你应对各种经历。例如，当一个同事请你帮忙做一些工作时，你可以告诉他们，你会先检查一下自己的工作量，然后再回复他们，而不是立刻就答应。这样可以为你争取一些时间来处理请求，并按照接下来的六个提示进行：

1. 反思你的价值观

花一些时间来确定你的核心价值观。生活中什么对你真正重要？了解你的价值观将指导你设定符合真实自我的目标。在上面的例子中：如果接受额外的工作就意味着你必须错过健身课并熬夜，那么请考虑一下哪个选择对你来说更重要。

2. 确定你的优先级

清晰理解你的核心价值观后，写下你的首要任务。这些是值得你关注和投入的生活领域。在例子中：你知道如果错过健身课会影响你的心情。你也没有时间做晚饭，这意味着你不得不叫外卖，这将进一步加剧你的负面情绪。此外，你还打算明天和朋友一起去喝酒，因为这在你的日程表上已经排了好几个月了，你不想取消。

3. 练习自我同情

当遇到挫折时，善待自己。要有现实的期望，承认挫折是过程的一部分，因此要像对待朋友一样善待自己。在例子中：你可能会因为对同事说"不"而感觉不好，但你也知道他们所要求的并不在你的工作范围之内，因此这不是你必须做的事。

4. 必要时说"不"

认识到对某些承诺或请求说"不"并不代表你自私。保存你的时间和精力去追求真正重要的事情是至关重要的。在例子中：你让你的同事知道，你已经查看了你的日程，但无法接受额外的工作，因此你无法接受它。你这样做时无须感到内疚。

5. 建立边界

在生活和工作中建立健康的边界。知道什么时候该休息，确保有时间自我关怀和放松。在例子中：这已经不是你第一次被这位同事要求承担额外工作，而你在大多数情况下都答应了。现在你必须吸取这个教训：虽然你可能想做一个善良的人，但你也必须教会别人你希望别人如何对待你。通过说"不"来设定界限就是这个过程的一部分。

6. 重新评估和调整

生活是不断变化的，生活的环境也在变化。定期重新评估你的目标和期望，根据实际情况做出必要调整，使之与不断变化的现实保持一致。在例子中：你可能会为最初设定的这道边界感到自豪，但同时也会感到内疚。但你知道这样做是对的，所以你承认并接纳自己的内疚感，不让它把你拖回到过去取悦他人的模式中。

力量 8：创造感恩时刻

在生活的种种需求中，开辟出宝贵的感恩空间，在这里，你可以珍惜现在，尊重过去，拥抱身边的丰富。

对于"高功能完美主义者"（high-functioning perfectionists）来说，追求卓越的旅程可能会让你投入一切，而几乎没有留出自我关怀与感恩生活的空间。你很容易被下一件需要完成的事和所有责任的压力冲昏头脑，而忘记花一点时间呼吸，欣赏周围的一切。

创造一个感恩时刻，意味着每天有意识地留出时间，培育深层的感恩之情与自我反思。这是一种强大的练习，能让你发掘感恩的变革力量，提醒你生活中大大小小无数的祝福。无论是沐浴清晨温暖的阳光，回味一段真挚的谈话，还是珍惜一杯热饮或一件柔软的毛衣带来的简单愉悦，这些时刻都能让我们立足当下，滋养我们与自己、他人以及周遭世界的联系。

通过这些自我反思的时刻，我们更加敏感于体验的丰富性，从而产生一种深刻的满足感、愉悦感，并对我们正在经历的旅程有了更深刻的欣赏。这会促使我们转变视角，开始欣赏成长的旅程，而不是纠结于任何看似的失败，创造出雄心壮志与知足常乐之间的和谐平衡，并以慈悲心对待自己。

真正的成就感不仅在于我们取得的成就，

还在于我们珍惜当下的美好，拥抱真实的自我。

不要一味追求下一件事。停下来，暂停一下。记住，我们的目标不是忽视生活中的挑战，而是重塑自己的视角，培养对积极事物更深的感恩之心。留出感恩时刻，就是在温和地提醒自己放慢脚步，细细品味生活中的美好，培育一颗感恩的心。反思身边那些常常被视为理所当然的美好而简单的事物能帮助我们脚踏实地。能够记住生活中所有美好的事物和人，你就不会只想着下一步要做什么。在感恩与喜悦之间自如流转，其实很简单。

感恩笔记

培养感恩的方法之一是进行记录。找一个安静舒适的空间，能让你心无旁骛地思考，然后按照以下步骤进行。

1. 预留时间

每天选择一个特定的时间来练习感恩。可以是早晨、睡前，也可以是休息时间。你甚至可以把它安排在你的日程里，以便获得提醒。

2. 反思三件幸事

问问自己，今天发生的哪三件事让我心存感恩？它们可以是大事，也可以是小事；可以是个人的，也可以是普遍的；只要它们对你有意义就好。然后问：我为什么要感恩这三件事？这个问题会引导你更深入地思考"为什么"，并给你一个处理的空间。这样做得越多，你就越能训练自己的思维，在日常生活中发现奇迹。

3. 感受感恩

当你想到或写下你的三件幸事时，让自己沉浸在对每一件事的感恩之情中。让自己充分体验与之相关的积极情绪。

4. 每天重复

每天坚持写感恩笔记。当你重塑大脑，使其自然地关注生活中的积极方面时，持之以恒是关键。

5. 探索新视角

即使是在最困难的经历中，也要挑战自己在这些情况下或意想不到的地方找到感恩之心。这有助于转变你的思维模式和增强心理复原力。

6. 回顾与反思

定期回顾你的感恩笔记。随着时间的推移，留意你的模式、成长和观点的变化。通过这种自我反思，进一步加深对生活馈赠的感恩之情。您甚至可以尝试与伴侣、孩子和朋友一起记笔记。

力量 9：避免与他人比较

正如西奥多·罗斯福曾经说过的，攀比是偷走快乐的小偷。拥抱你自己的旅程，因为这是你独一无二的旅程，也是你真正的力量和美妙所在。

我们常常发现自己在透过"窗户"窥探别人的生活，想知道为什么我们没有他们拥有的东西，或为什么我们没有取得他们所取得的成就。在这窥探之间，自我怀疑的种子悄然生根，我们开始质疑自己的价值和能力。但请再想一想，我说的是"透过窗户"，这意味着我们只看到一个快照。将我们的生活与他人生活的快照对比是不现实的。

比较是人类的一种自然倾向，但学会如何管理它并将你的焦点重新定向到自身的成长和幸福上是至关重要的。拥抱你的独特性并珍视自己的成长历程会让你更加自我接纳，更加知足，生活也会更加充实。事实上，你不是生来就要成为别人的复制品，而是为了成为独一无二的自己。拥抱自己的旅程，不与他人比较，意味着尊重自己的个性，认识到自己故事中的美丽。这意味着承认并接受你的道路是你自己的，永远与别人的不同。这正是它的非凡之处。

当你放下衡量标准，摆脱比较的束缚，你也就摆脱了不切实际的期望的重压。请相信，在你混乱、不完美、美妙的旅程中，每一个转折都在将你引向你需要到达的地方。

当你拥抱自己的旅程时，你会发现生命的真正魅力不在于与他人相似，而在于真实地做自己。

请记住，你的价值并不取决于你与他人的比较结果。我知道，改掉比较的习惯需要时间和耐心，但一旦你走上自我接纳和自我同情的道路，它将引领你走向更充实、更真实的人生。你的道路只属于你一个人，所以请尊重你的独特性，放弃比较的想法。受他人启发，但绝不被他人定义。拥抱你与众不同的道路，因为这是开启你内在无限潜能的钥匙。

管理你的比较思维

这是一项日常练习。使用它来帮助你识别在哪些方面你将自己或自己的生活与他人进行了比较。注意那些触发自我比较的情境、环境或人物。意识到你的触发点有助于你预测自己何时会陷入比较的陷阱。

1. 暂停并承认

当你发现自己在比较时，暂停一下。不带评判地承认这种比较。请记住，在内心进行比较是很正常的，但这样做并不会定义你的价值或重要性。

2. 挑战负面想法

挑战比较时出现的负面想法。问问自己这些想法是否基于现实的期望，或者它们是否受到社会压力或不安感的驱使。

3. 重构与重新定向

使用积极和赋能的陈述来重构你的比较思维。留意自己独特的品质和成就。拥抱这样一种观念，即每个人的人生旅程都是不同的，这正是人生的美丽和多样化所在。

4. 培养自我同情

善待和同情自己。像对待一位正在自我比较中挣扎的好友一样对待自己。练习自我同情，提醒自己不完美也没关系，我们有自己的人生道路。

力量 10：释放自我信任

自我信任是内心力量的锚，指引你自信而坚韧地穿越不确定性的波涛。

自我信任是对自己的能力、决策和价值的坚定信念——当你相信并信任自己时，你便可以自信且真实地驾驭生活。HFA常常会让我们陷入担忧和自我怀疑的束缚中，难以寻得平静，但自我信任会帮助你挣脱这种束缚。一旦你认识到自己的能力并直面自己的恐惧，你就能够信任自己的直觉，而无须寻求他人的慰藉。

自我信任并不意味着对生活的方方面面都盲目自信，而是要坦然接受自己的脆弱和成长。

> 承认出现错误是正常的、挫折是学习的机会，
> 我们就能学会自我宽恕。

还记得我的那位来访者吗？她把自己认为的所有失败都记在了"头脑档案"里。自我信任会让你扔掉自己的档案，善待自己。你不可能事事都成功，但强烈的自我信念意味着你至少会放手一搏，而不是裹足不前。

自我信任的核心是对自我的深刻接纳。当我们信任自己时，我们就会认识到自己的价值并不取决于他人的意见或达到完美。这将我们从比较和自我怀疑的枷锁中解放出来，让我们毫无保留地享受自己的独特性。我们变得更有能力应对生活中的种种挑战，能做到自力更生并保持情绪稳定。

与任何技能一样，自我信任可以通过定期的自我反思和有意识的努力来学习。从倾听自己的直觉、尊重自己的感受和需求开始。庆祝你的每一个成就，无论多么微小，并提醒自己已经克服了哪些挑战。记住，这是一种新的生活方式。一开始可能会感觉有些奇怪，好像你在以某种方式自我吹嘘，但你所做的只是承认自己已经足够好。

对完美的不懈追求和对失败的恐惧会让我们陷入自我批评和过度追求成就的怪圈。然而，通过信任自己，我们可以从焦虑的束缚和对外部认同的需求中解脱。我们可以学会将错误和挫折视为进步的垫脚石，从而培养自己的韧性和情感健康。

这种无所畏惧的精神为我们打开了通往新机遇和新体验的大门，推动我们走出舒适区，走向成长和自我发现。拥抱自我信任的力量，你会发现自己正带着坚定的信心和开放的胸怀走在人生的旅途中，随时准备面对一切挑战。以下快速而简单的练习将有助于加强自我信任，建立对自己能力的信心。

自我信任宣言

闭上眼睛，深吸一口气，用鼻子吸气，用嘴巴呼气。让自己放松，释放所有紧张情绪。默念或大声重复积极的自我信任肯定语。选择能引起你共鸣的措辞。以下是一些例子：

- 我相信我自己及我的决定。
- 我相信自己的能力，并拥抱自己的独特性。
- 我已经足够好了，就像我现在这样。
- 我有能力应对任何挑战。

通过不断重复这些肯定句，你会加强自我信任，培养对自己能力的更强的信念。随着时间的推移，你会发现自己的自我怀疑和不安全感会逐渐减少，你会以一种新发现的自信和坚韧来面对生活中的挑战。

力量 11：勇敢地生活，拥抱脆弱

勇敢生活是拥抱脆弱的艺术，因为正是在我们开放心扉时，我们才能发现内在真正的力量。

　　脆弱常常被误解为向我们遇到的每个人袒露我们的灵魂。然而，真正的脆弱并不是不分青红皂白地分享自己的方方面面；相反，它是一种勇敢的行为，只对那些我们认为值得托付我们最柔软真相的人敞开心扉。

　　全心全意地生活只需要一种技能，那就是拥抱脆弱的勇气。布琳·布朗（Brené Brown）曾撰文论述过这一点的重要性。在她的研究和工作中，她强调了拥抱脆弱作为过上充实和真实生活的关键组成部分的重要性。[7]布朗认为，脆弱不是弱点，相反，它是一种力量，因为它能让我们与他人建立联系，展现真实的自我，体验更深刻的情感和关系。

　　真正的脆弱意味着在展现真实自我和设定边界以保护我们的情感健康之间取得平衡。请记住，脆弱是我们拥有力量的证明——承认我们的不完美、恐惧和不安，而无须加以评判或感到羞愧的力量。

　　一开始可能很难做到，但通过练习，我们可以学会脆弱是没有关系的，即使周围的事情让我们感到不确定，我们也要相信自己有能力保持这种状态。我们还要学会信任身边的人，尤其是那些被证明是我们脆弱之时的避风港的人。紧紧抓住这些人，因为他们是你可以与之分享最深层自我的人，因为你知道他们会以同情的眼光看待你，不会对你妄加评论。看看你是否也能成为他们那样的人。

正是通过我们的脆弱，我们与他人建立了真正的联系，

让我们真实的自我被看到和认识。

拥抱我们的脆弱并非一蹴而就的，而是一段持续的自我发现和成长之旅。当我们敢于脆弱、敢于暴露内心的渴望时，我们就重新找回了自己的力量和真实性。我们会明白，脆弱并不是为了寻求他人的肯定或认可，而是为了在面对生活中的不确定性时，从内心深处找到自我的力量。

深入挖掘你的脆弱

这个练习将帮助你正视自己的脆弱，鼓起勇气，加深对自己情绪和经历的理解。

1. 反思过去的经历

想想你生命中感到脆弱的时刻。可能是你冒险时、分享感受或面对困难时。把这些经历写在日志或一张纸上。

2. 探索你的情绪

针对每一次脆弱的经历，探索你当时的情绪。你是害怕、焦虑、兴奋还是充满希望？承认并识别这些情绪，不带任何评判。

3. 识别诱因

反思在每种情况下是什么触发了你的脆弱。是害怕被评判、被拒绝还是害怕失败？找出诱因有助于你理解哪些方面的脆弱对你来说最具有挑战性。

4. 练习自我同情

当你探索自己的脆弱时，请对自己温柔一些。练习自我同情，承认脆弱是人的自然属性，感受到这些情绪是可以存在的。

5. 想象勇敢的反应

现在，想象一下如果你在那些脆弱的情况下能更加勇敢地做出回应会是怎样的。设想自己会真实地表达自己，毫无保留地拥抱自己的脆弱。

6. 记录你的感悟

写下你的反思、感悟，以及你在完成这个练习后获得的任何新观点。思考一下你在自己与脆弱性的关系中学到了什么。

7. 为未来设定小挑战

在日常生活中迈出一小步，更勇敢地面对脆弱。可以是发起一次发自内心的对话，分享你的创意作品，或者在需要的时候寻求支持。反思并记录下你这样做时的感受。

力量 12：练习耐心

耐心不是消极等待，而是一种技能，它能帮助你优雅地驾驭生活的洪流，一步一个脚印地拥抱成长的旅程。

这可能是我学习起来最困难的一种能力了。我记得在看《星球大战》时，天行者卢克因为无法从尤达那里得到答案而非常恼火。然而，就像《星球大战》中的绝地武士一样，我们也必须学会忍耐的艺术。在追求改变的过程中，我们最初可能会忽略耐心的重要性，而是追求快速见效和立竿见影。但正是在耐心中我们才能发现成长的真谛。当我们持之以恒地保持耐心，我们就会发现自己内心隐藏的力量，从而转变为自己命运的主人。在这个急功近利的世界里，耐心是力量和智慧的深厚源泉。

本质上，耐心是对自我信任的证明，

也是对我们旅程的肯定。

它提醒我们，成长是一个循序渐进的过程，

伟大的转变需要时间来完成。

在急躁的时候，我们容易陷入自我怀疑和挫败的低谷，忽略了个人发展过程中每一步的美好。追求卓越的压力和对失败的恐惧会驱使我们超出自己的极限。然而，练习耐心给了我们一个空间，让我们能够与自己的想法相处，让我们有机会调节内心的情绪，而不是急于投身那些不适合我们的事务。通过保持耐心，我们将学会把握自己的节奏。

练习耐心还能加强我们与他人的关系，促进更深层次的链接和理解。当事情没有按照我们的想法发展时，我们不再对别人不耐烦，而是放松自己，让事情顺其自然地发生。通过积极倾听并允许他人表达，我们可以培养同理心和同情心。

耐心为我们打开了真诚沟通的大门，帮助我们在自己和他人之间架起信任的桥梁。这一点非常重要，因为 HFA 可能会让我们难以信任他人。耐心是学会善待的过程的一部分——不仅善待他人，也善待自己。然而，与其他"力量"一样，培养耐心也需要付出努力。冥想和深呼吸等正念练习有助于保持锚定在当下。定期的自我反思也很有用，因为它能给我们空间，确保我们没有操之过急或用力过猛。耐心让我们得以喘息，从容生活。

耐心的正念呼吸

每当你感到焦躁不安时，这个快速有效的练习就能帮助你培养耐心，寻得宁静。

1. 数呼吸

以放松的姿势坐着或站着，脊柱挺直，肩膀放松。如果觉得舒服，可以闭上眼睛，或者保持目光柔和。留意呼吸的自然流动，吸气和呼气时胸部或腹部的起伏。然后，当你吸气时，默数 1，当你呼气时，默数 2。如果你走神了，温柔且坚定地将注意力拉回到数呼吸上。

数到 10 后，停顿片刻，再开始下一个 1 到 10 的循环。在这个停顿中，放下你可能感到的任何急躁或不安。拥抱宁静，观察出现的任何感觉或想法。

2. 重复并扩展

继续以这种方式呼吸几分钟，如果你愿意的话，可以逐渐延长时间。如果你的思绪变得忙碌或不耐烦，就回到数呼吸上，让耐心温和地引导你回到当下。

3. 反思

练习结束后，花点时间反思一下这次的体验。留意你的心态或身体感觉有何变化。拥抱在培养耐心的正念呼吸练习中产生的平静感和中心感。

经常进行这个练习将增强你在面对挑战时保持冷静和镇定的能力，因为耐心而不是急躁会成为你对待生活起伏的自然反应。这也是处理不安的想法和感受的好方法，让它们流过你的心田，这样你就能优雅地继续前行。

学习运用 12 种力量是一个持续的过程。这是另一种存在方式。拥抱这段旅程及其带来的学习体验，让自己在与真实自我的和谐相处中成长、盛放。通过坚持不懈地练习自我反思、自我表达和自我接纳，你可以培养出勇气和信心，在生活的各个领域中闪耀真实自我的光芒。

记住，正如布兰登·伯查德（Brendon Burchard）所说：[8]

起初，它是一个意图。

然后成为一种行为。

接着变成一个习惯。

然后是一种实践。

再然后，它变成了第二天性。

最终，它就是你的本真。

在第二步中，我们讨论了需求层次理论。做所有这些工作是有价值的，但我们也需要抽时间来自我审视，看看我们在满足基本需求方面做得如何。虽然 HFA 在很多时候是心理层面的，但是它也会体现在物质世界中，因此确保我们有足够的休息和充足的养分也是这个过程的重要部分。是时候从内到外照顾好自己了。

第五步总结

我们已经探讨了 12 种力量——这是拼图的最后几块碎片。你可以选择不使用它们，也可以选择使用其中一种，或者全部使用。你的道路由你自己决定，对别人有用的方法对你未必有用。然而，善良、自我同情和拥抱真理是普适的概念，它们让每个人的生活变得丰饶而有深度。我希望你现在正在通往那个空间的路上。

结　语

恭喜你！你已踏上旅程，或许在起点处你感觉到了某些不适，但却不清楚具体缘由。在这本书中，我向你提出了挑战，邀请你深入探索你的 HFA，直抵你的内心深处——面对你的核心信念、你对自己说的谎言和故事，以及直面房间里的大象：你的恐惧。

你勇敢地认识到了自己的行为模式，并探索了早期的生活经历，看到它们是如何塑造了现在的你。我也与你分享了我的旅程——低谷和凯旋。今天，我怀着喜悦和自我同情的心情写下了这本书。

我相信，你现在对自己有了更好的理解，并会拥抱独一无二的非凡的自我，包括那些与 HFA 相关的特质。我已经为你提供了所需的工具，让你摆脱束缚自己的模式和信念，并善待自己。

此时此刻，你的羽翼已丰。现在是时候挣脱 HFA 强加的枷锁，振翅高飞，从这段旅程的经验教训中寻获力量了。拥抱这份新生的自由吧，因为你通往自我发现和疗愈的旅程已正式启航。

与自己的契约

　　现在，我已经读完这本书，我将与自己签订一份契约：

　　我读这本书是为了探索我的内心世界，更好地了解自己。我知道这个过程可能不会一帆风顺，但我已经准备好并且有能力学会驾驭我的情绪，让自己感觉更快乐、更平静、更不焦虑。

　　我不再为那些让我感觉糟糕的事情腾出时间。

　　我要以真实的自我示人。

签名：

日期：

致　谢

我衷心感谢所有在本书诞生过程中发挥关键作用的人。感谢我的家人，无论是血缘上的，还是在人生旅途中的至亲挚友，你们坚定不移的支持和鼓励犹如我航行中的稳定锚点，为我提供了不竭的力量源泉。

特别感谢我的咨询师，感谢她的专业知识与悉心指导为我开辟了一片天地，让我不再暗淡无光，转而全情拥抱并焕发自我。尽管建立信任的过程要历经多番会面，但我真心感激她没有放弃我。

感谢那些在我黑暗时刻照亮我的道路、相信我的人，谢谢你们让我知道，我可以相信自己的翅膀，不仅可以飞翔，还可以茁壮成长。感谢那些在我的人生旅途中扮演着教训与智慧源泉角色的每一个人，你们的影响是无法估量的。

这本书是集体努力和共同经验的见证，也是我人生旅程的见证。感谢每一个为此书做出过贡献的人，感谢你们成为这项有意义的工作中不可或缺的一部分。

参考文献

前言

1. National Institute of Mental Health (NIMH), The National Institute of Mental Health Information Resource Center. Any Anxiety Disorder. www.nimh.nih.gov/health/statistics/any-anxiety-disorder [Accessed 20 November 2023]

2. Office for National Statistics (2023), 'Public opinions and social trends, Great Britain: personal well-being and loneliness.' www.ons.gov.uk/peoplepopulationandcommunity/wellbeing/datasets/publicopinionsandsocialtrendsgreatbritainpersonalwellbeingandloneliness [Accessed 20 November 2023]

第二步

3. Bowlby, J. (1958), 'The nature of the child's tie to his mother', *International Journal of Psycho-Analysis*, 39: 350–373.

4. Maslow, A.H. (1973), 'A theory of human motivation', in R.J. Lowry (ed.), *Dominance, self-esteem, and self-actualization: Germinal papers of H.A. Maslow*. Belmont, CA: Wadsworth, pp. 153–173.

5. Maslow, A.H. (1973), 'A theory of human motivation', in R.J. Lowry (ed.), *Dominance, self-esteem, and self-actualization: Germinal papers of H.A. Maslow*. Belmont, CA: Wadsworth, pp. 153–173.

第四步

6. Linden, M. and Rutkowski, K. (2013), *Hurting Memories and Beneficial Forgetting*. Amsterdam: Elsevier.

第五步

7. Brown, B. (2015), *Daring Greatly: How the Courage to be Vulnerable Transforms the Way We Live, Love, Parent, and Lead*. London: Penguin Books.

8. Burchard, B. (2021), @BrendonBurchard www.twitter.com/ BrendonBurchard/status/1401693297010266112? lang=en [Accessed 29 November 2023]

作者介绍

/

拉丽塔·苏兰尼博士是一位屡获殊荣的心理学家、著名的领导力教练和国际演说家。她在英国国家医疗服务体系（NHS）的各个临床领域拥有超过 17 年的经验。

拉丽塔坚信，实现我们在生活中所有领域真正的、持久的成功和幸福的关键在于我们自己的内心。她观察到，通过个人成长和自我认知，我们可以学会利用我们的思维模式，控制我们脑海中的声音，培养积极的心态，拥有我们梦想中的生活和职业。